Listeria

Listeria

Una aproximación práctica al microorganismo y su control en los alimentos

Chris Bell
Consultant Food Microbiologist
UK

Alec Kyriakides
Company Microbiologist
Sainsbury's Supermarkets Ltd
London, UK

Traducido por

Antonio Vercet Tormo
Dr. en Veterinaria
Dpto. de Tecnología de los Alimentos
Facultad de Veterinaria, Zaragoza

Editorial ACRIBIA, S.A.
ZARAGOZA (España)

Título original: *Listeria.* A practical approach to the organism and its control in foods, 1ª. ed.
Autores: Chris Bell y Alec Kyriakides
Editorial: Blackie Academic & Professional, an imprint of Thomson Science, a division of International Thomson Publishing

Esta edición se publica por acuerdo con Blackwell Science Limited, Oxford, que actualmente publica la edición en lengua inglesa.

I.S.B.N.: 84-200-0911-3

IMPRESO EN ESPAÑA PRINTED IN SPAIN

DL: HU-95/2000 Editorial ACRIBIA S.A.- Royo, 23 - 50006 Zaragoza (España)

Imprime: Grafic RM Color, S.L. C/ Ganadería, parcela 27B, nave 2. 22006 Huesca. 2000

Índice de materias

Prólogo

Las investigaciones desarrolladas de manera independiente hace unos 70 años por E.G.D. Murray y sus colaboradores en Cambridge (Reino Unido) y por J.H.H. Pirie en Johannesburg (República Sudafricana) tuvieron como resultado las primeras descripciones detalladas de la listeriosis (en ambos casos en animales de compañía), junto con el aislamiento y la denominación de *Listeria monocytogenes*. Estas descripciones en 1926 y 1927 muestran la precisión y meticulosidad de estos experimentadores, no sólo porque hicieron gala de una gran habilidad y atención a los detalles, sino también de una gran intuición al suponer que el consumo de alimento contaminado estaba relacionado con la transmisión de la listeriosis. En palabras de Pirie en 1927 «La infección puede producirse por inoculación subcutánea o mediante la alimentación y se piensa que es a través de la alimentación como se extiende esta enfermedad en la naturaleza».

Estas observaciones cayeron en el olvido durante largo tiempo y la listeriosis fue considerada una enfermedad bastante oscura que afectaba a los animales y ocasionalmente al hombre. Sin embargo, los años 80 trajeron unos cambios drásticos y la «ascensión» de *Listeria* a una materia, que no sólo concernía a los microbiólogos (de modo particular a los microbiólogos de los alimentos), sino también al público en general. Las razones que produjeron este cambio pueden estar relacionadas con: (i) el reconocimiento de brotes graves en personas durante 1981 (Nueva Escocia, Canadá), 1985 (California, Estados Unidos de América) y 1983-87 (Vaud, Suiza) y la comprensión de que estos eran resultado de una transmisión a través de los alimentos; (ii) el incremento durante principios de los 80 en el número de casos notificados de listeriosis humana en varios países; y (iii) un incremento general del interés en las enfermedades transmitidas a través de los alimentos. Mi propia implicación con *Listeria* comenzó en 1981 y coincidió con un pequeño brote (posiblemente de transmisión alimentaria) en Cumbria.

Desde el principio de la década de los 80 se ha publicado mucha información nueva sobre *Listeria* y la listeriosis. Esta ha aparecido no sólo en revistas médicas y científicas, sino también en revistas de negocios, actas de congresos científicos, documentos del gobierno, códigos industriales de prácticas, etc. No sólo hay una mejor comprensión de la epidemiología de la enfermedad, de la propia enfermedad y de la fisiología y distribución del microorganismo sino, lo que es más importante, de los métodos efectivos para controlar al microorganismo en la cadena alimentaria. Bell y Kyriakides han recopilado juntos información a partir de un rango extremadamente amplio de fuentes disponibles (incluyendo sus vastas experiencias personales propias) y han proporcionado un texto actualizado, práctico e instructivo sobre listeriosis, *Listeria* y la elaboración de los alimentos. Todo ello con el interés de que la industria alimentaria aprecie los riesgos potenciales que supone la listeriosis y preste atención a los consejos prácticos contenidos en este libro.

J. McLauchlin
Laboratorio de Higiene de los Alimentos
PHLS Central Public Health Laboratory
London

Agradecimientos

Agradecemos a Jim McLauchlin sus útiles comentarios acerca de nuestro manuscrito original. Gracias también, a Susan y Sarah por su apoyo constante y por su comprensión.

1

Consideraciones generales

INTRODUCCIÓN

Listeria monocytogenes es un microorganismo que no era considerado como un importante patógeno transmitido a través de los alimentos hasta hace relativamente poco tiempo y, en consecuencia, no había recibido mucha atención por parte de la industria alimentaria. Los índices de listeriosis en la población humana siempre habían estado enormemente ensombrecidos por otras enfermedades transmitidas a través de los alimentos como la salmonelosis o la campilobacteriosis, y la confirmación de brotes de listeriosis transmitida a través de los alimentos era poco frecuente. Sin embargo, los brotes de listeriosis vehiculados por los alimentos ocurridos al principio de la década de los 80, demostraron la grave naturaleza de la enfermedad que excepcionalmente cursaba con altos índices de mortalidad, en particular, sobre los miembros más vulnerables de la población como los niños nonatos, los ancianos y los inmunodeprimidos. Esto motivó un temor público generalizado hacia el patógeno (Fig. 1.1) y tuvo como resultado un intenso programa de las autoridades de salud pública y de la industria alimentaria para controlar al microorganismo y a la enfermedad.

Este libro pretende dar al lector una visión general de *Listeria,* pero está fundamentalmente concebido como una ayuda para aquellas personas que quieran entender la naturaleza del riesgo que presenta para los alimentos y los medios para controlarlo.

Figura 1.1 Preocupación pública.

«*Listeria monocytogenes* es un contaminante ambiental ampliamente distribuido cuyo medio primario para la transmisión al hombre es a través de la contaminación de los alimentos en cualquier punto de la cadena alimentaria, desde el origen hasta la cocina. La eliminación total de *Listeria monocytogenes* de todos los alimentos es impracticable y puede ser imposible». Esta cita está sacada de la conclusión y las recomendaciones del informe elaborado por un grupo informal de trabajo de la Organización Mundial de la Salud reunido en 1988 para tratar sobre la listeriosis transmitida a través de los alimentos (Anon., 1988). Parece claro que la eliminación del riesgo asociado a *Listeria monocytogenes* de la mayoría de los alimentos es a la vez impracticable y una labor imposible, pero se puede reducir y controlar este riesgo en los alimentos, minimizando de ese modo, el riesgo existente hacia la salud pública.

L. monocytogenes ha sido reconocido como un patógeno para los animales desde hace más de 70 años (Murray *et al.*, 1926) pero es fundamentalmente en las últimas dos décadas en las que la preocupación se ha centrado en el papel de los alimentos en la transmisión de la listeriosis humana. La preocupación pública y reguladora relacionada con el microorganismo ha conducido a la implantación, por parte de muchos países, de normas microbiológicas obligatorias con el fin de regular los niveles de *L. monocytogenes* en los alimentos. Además, se han llevado a cabo acciones concertadas por parte de la industria alimentaria para minimizar la incidencia y el crecimiento de este microorganismo en los alimentos mediante el aumento de los estándares de higiene, la reformulación de los alimentos y la reducción de los periodos de conservación de los productos.

TAXONOMÍA DE *LISTERIA* SPP.

El género *Listeria* se denomina así en honor al cirujano británico Lord Joseph Lister que fue pionero en 1860 en el concepto de la cirugía antiséptica para prevenir la sepsis quirúrgica. Durante muchos años, el género estaba constituido por una especie, *L. monocytogenes* (Fig. 1.2) llamado originariamente *Bacterium monocytogenes* (Murray *et al.*, 1926) debido a la amplia leucocitosis mononuclear que causaba al infectar a conejos.

En los últimos años, la posición taxonómica de las especies de *Listeria* ha sido objeto de mucho trabajo y debate. La novena y más reciente edición del Manual Bergey de bacteriología sistemática (Seeliger y Jones, 1986) admite cinco especies claramente distinguibles (*L. monocytogenes, L. innocua, L. welshimeri, L. seeligeri y L. ivanovii*) mientras que *L. denitrificans, L. grayi* y *L. murrayi* se clasifican como *especies incertae sedis* (de clasificación incierta). Trabajos recientes que investigaban la clasificación de *L. denitrificans* han determinado que no pertenece al género *Listeria* y consecuentemente ha sido reclasificada como *Jonesia denitrificans*. Sin embargo, *L. grayi* y *L. murrayi* permanecen dentro del género pero se ha considerado que no son lo suficientemente diferentes como para garantizar el que sean especies separadas. En consecuencia, han sido reclasificadas como una única especie para la que se ha propuesto el nombre de *L. grayi*. También se han hecho propuestas para las dos

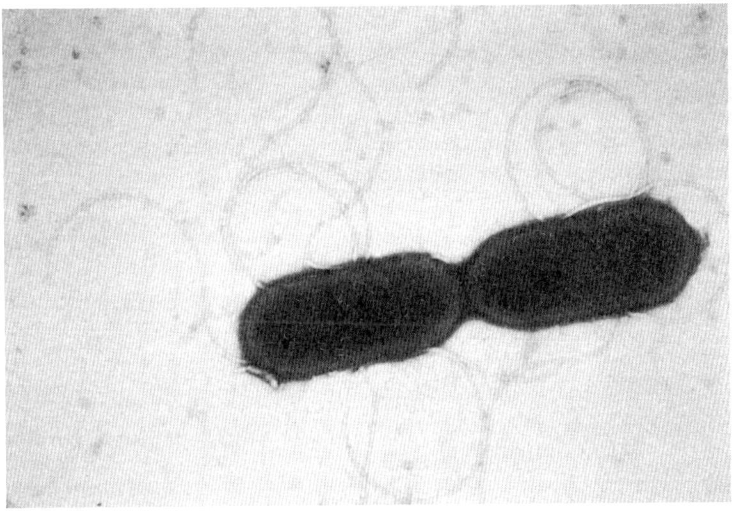

Figura 1.2 *Listeria monocytogenes*. Por cortesía de Oxoid Ltd, Reino Unido.

subespecies de *L. ivanovii: L. ivanovii* subespecie *ivanovii* y *L. ivanovii* subespecie *londoniensis* (Boerlin *et al.,* 1992). Por lo tanto, según la información más reciente, el género *Listeria* está constituido por las especies que aparecen en la Tabla 1.1. Como se están realizando trabajos adicionales, es probable que se produzcan otros cambios en la clasificación. El parentesco taxonómico de las diferentes especies de *Listeria* se muestra en la Figura 1.3. Las de presencia más frecuente en los alimentos son *L. innocua* y *L. monocytogenes* (Jay, 1996; Kozak *et al.,* 1996).

LISTERIOSIS: LA ENFERMEDAD

Listeria monocytogenes es reconocida generalmente como el principal patógeno para el hombre dentro del género *Listeria* (Jones, 1990). Sin embargo, *L. seeligeri* y *L. ivanovii,* en raras ocasiones, han estado implicadas en infecciones a personas (McLauchlin, 1996). El Servicio de Laboratorios de Salud Pública (PHLS) de Inglaterra y Gales identificó las cepas de *Listeria* aisladas en 2.237 casos de listeriosis humana en el Rei-

Tabla 1.1 Miembros del género *Listeria.*

Especies de Listeria	*Nombre anterior de la especie*	*Origen del nombre de la especie**
Listeria monocytogenes	*Bacterium monocytogenes*	Aumenta la producción de monocitos
Listeria innocua		Inocua/inofensiva
Listeria welshimeri		En honor a H. J. Welshimer, bacteriólogo americano
Listeria seeligeri		En honor a H. P. R. Seeliger, bacteriólogo alemán
Listeria grayi	*L. grayi, L. murrayi*	En honor a M. L. Gray, bacteriólogo americano
Listeria ivanovii subespecie *ivanovii* subespecie *londoniensis*	*L. ivanovii* *L. monocytogenes* Serovariedad 5	En honor a I. Ivanov, bacteriólogo búlgaro

* Seeliger and Jones, 1986.

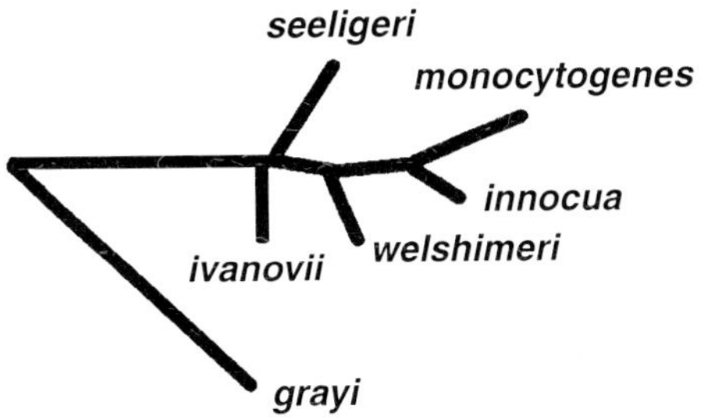

Figura 1.3 Parentesco taxonómico de las especies de *Listeria* en base a los datos de la secuencia del RNA ribosomal 16S (adaptado de Collins *et al.*, 1991).

no Unido; todas las cepas, excepto dos, fueron *L. monocytogenes* (McLauchlin, 1996). Los mecanismos de patogenicidad no son comprendidos con claridad, pero la infección depende de una variedad de factores que incluyen el estado inmunitario del hospedador, la cantidad de inóculo y la virulencia específica de la cepa de *L. monocytogenes*. La hemólisis es considerada un factor importante de virulencia de *L. monocytogenes* (Rocourt, 1994). En la amplia mayoría de grandes brotes transmitidos a través de los alimentos, la cepa causante de la epidemia ha pertenecido a 1 de estos dos serogrupos: 1/2a o, más frecuentemente, 4b. Se ha sugerido que factores tales como el serogrupo pueden ser de importancia cuando se valora el riesgo del consumo de un alimento concreto que contiene *L. monocytogenes* (Rocourt, 1994). Es posible que en un futuro, las valoraciones de riesgo llevadas a cabo por las autoridades nacionales de acuerdo con las directrices formuladas por la Comisión del Código Alimentario (Codex Alimentarius Commission) tengan en cuenta las diferencias aparentes en el potencial que presentan los distintos serogrupos para producir brotes importantes transmitidos a través de los alimentos.

El PHLS define un caso de listeriosis como «un paciente que sufre una enfermedad con sintomatología compatible con la listeriosis y del cual se ha aislado *Listeria monocytogenes* en un lugar normalmente estéril (generalmente sangre o líquido cefalorraquídeo, LCR) (Anon., 1997a). Rocourt (1996) ha revisado los principales grupos de individuos con riesgo de sufrir listeriosis y, en orden descendiente de riesgo, son los siguientes: enfermos que han sido objeto de un transplante de órganos, pacientes que sufren el SIDA, individuos infectados por el virus VIH, mujeres embarazadas, enfermos con cáncer y ancianos. *L. monocytogenes* puede causar varios tipos de infecciones (Tabla 1.2) pero con más frecuencia, la listeriosis toma la forma de una infección en el útero, la sangre o el siste-

Tabla 1.2 Enfermedades causadas *por L. monocytogenes.*

Tipo de Listeriosis	*Naturaleza de la infección*	*Gravedad*	*Tiempo de incubación*
Infección zoonótica	Infección local y lesiones en la piel	Benigna y se resuelve sin tratamiento	1-2 días
Infección neonatal	Infección de bebés recién nacidos a partir de la madre durante el parto o por infección cruzada de un neonato en el hospital a otros bebés	Puede ser extremadamente grave, resultando en meningitis y muerte	1-2 días (incubación temprana) habitual en la infección congénita previa al nacimiento 5-12 días (incubación tardía) como consecuencia de una infección a partir de otro bebé
Infección durante el embarazo	Adquirida por el consumo de alimentos contaminados	Enfermedad leve similar a la gripe o asintomática para la madre pero con serias implicaciones para el feto que incluyen el aborto espontáneo, la muerte del feto, el nacimiento del bebé muerto y meningitis. La infección es más común en el tercer trimestre	Varía desde 1 día a varios meses
Infección de adultas no embarazadas	Adquirida por el consumo de alimentos contaminados	Asintomática o enfermedad leve, que puede evolucionar hacia infecciones del sistema nervioso central como la meningitis. Es más común en inmuno-deprimidos o ancianos	La enfermedad puede aparecer en un día o hasta pasados varios meses
Intoxicación alimentaria por *Listeria*	Consumo de alimentos con cantidades excepcionalmente elevadas de *L. monocytogenes,* $>10^7$ por ml	Vómitos y diarrea, a veces evoluciona hacia bacteriemia, pero suele sanar sola	< 24 horas tras el consumo

ma nervioso central (McLauchlin, 1993). En las mujeres embarazadas puede dar lugar a abortos espontáneos, el nacimiento de niños muertos o de bebés gravemente enfermos debido a la infección del feto. Los recién nacidos también pueden contraer la listeriosis mediante una infección post-natal a partir de la madre o de otros bebés infectados. La madre en raras ocasiones se ve gravemente afectada por la listeriosis ya que la enfermedad parece localizarse en el feto (Rocourt, 1996). Los adultos sanos y las no embarazadas también pueden sufrir listeriosis ya que los grupos más vulnerables incluyen a los inmunodeprimidos y a la tercera edad, debido a la baja condición de su sistema inmune. En estos grupos, la listeriosis se presenta normalmente como meningitis (infección de los tejidos que rodean al cerebro) y septicemia (infección en la sangre). De los 2.005 casos de listeriosis ocurridos en Inglaterra y Gales entre 1983 y 1996, un total de 659 (33%) estuvieron asociados al embarazo, aunque hubo variaciones significativas dependiendo del año (del 8% al 48%) (Anon., 1997a). En general, durante los últimos años se ha registrado un descenso en los casos asociados al embarazo como consecuencia de la recomendación dada a finales de los 80 relativa a los alimentos que debían evitarse durante el embarazo (Departamento de Salud, 1989). Los 1.346 casos de listeriosis restantes están relacionados fundamentalmente con los grupos de los inmunodeprimidos y de los ancianos. Probablemente esto refleja un aumento, durante los últimos años, de la proporción de este sector vulnerable de la comunidad dentro de la población total.

La listeriosis, aunque normalmente se adquiere mediante la ingestión de alimentos, no ha sido reconocida, hasta hace poco, como causante de la sintomatología más frecuente de las intoxicaciones alimentarias. Sin embargo, brotes transmitidos a través de los alimentos de reciente documentación incluyen casos en los que la presencia de cantidades extremadamente elevadas de *L. monocytogenes* ha tenido como resultado la rápida aparición de síntomas como vómitos y diarrea con pocos casos aparentes de listeriosis clásica (Salamina *et al.*, 1996; Dalton *et al.*, 1997).

La listeriosis es una rara enfermedad con una incidencia de 2 a 3 casos por millón de población total en Inglaterra y Gales (McLauchlin, 1993). La incidencia aumentó de 115 a 149 casos por año durante el periodo comprendido entre 1983 a 1986, para alcanzar un pico cercano a los 300 casos en 1988 seguido por un descenso a 127 y 112 casos en 1991-92 respectivamente. Estas bajas incidencias se han mantenido durante los últimos años (Anon., 1997a). Se ha admitido que esta brusca caída en las cifras de la listeriosis a partir del pico de 1988 puede haber sido debida a la advertencia de los departamentos de salud pública en relación con el consumo de alimentos de alto riesgo y a la acción concertada de la industria para controlar al microorganismo (Gilbert, 1996). De hecho, se cree que el brusco incremento de los casos en el periodo comprendido entre 1987 y 1989 (Fig. 1.4) fue debido a un brote transmitido a través de los alimentos asociado a un paté contaminado procedente de un único fabricante (McLauchlin *et al.*, 1991).

La incidencia de la listeriosis en otros países es similar a la que presentan Inglaterra y Gales (Tabla 1.3) y se han registrado descensos en las infecciones en Estados Unidos de América, similares a los experimentados en el Reino Unido, como consecuencia de mejoras en el control regulador/industrial y a la aparición de recomendaciones dirigidas a los grupos de riesgo (Tappero *et al.*, 1995).

A pesar de la relativamente baja incidencia de la enfermedad, la listeriosis es una enfermedad grave y esto se refleja en el evidente elevado índice de mortalidad en muchos episodios con una media de muertes de aproximadamente el 30% (Newton *et al.*, 1992).

FUENTES DE LAS ESPECIES DEL GÉNERO *LISTERIA*

La listeriosis se transmite a través de tres vías principales: contacto con los animales, infección cruzada entre recién nacidos en el hospital e infección transmitida por los alimentos.

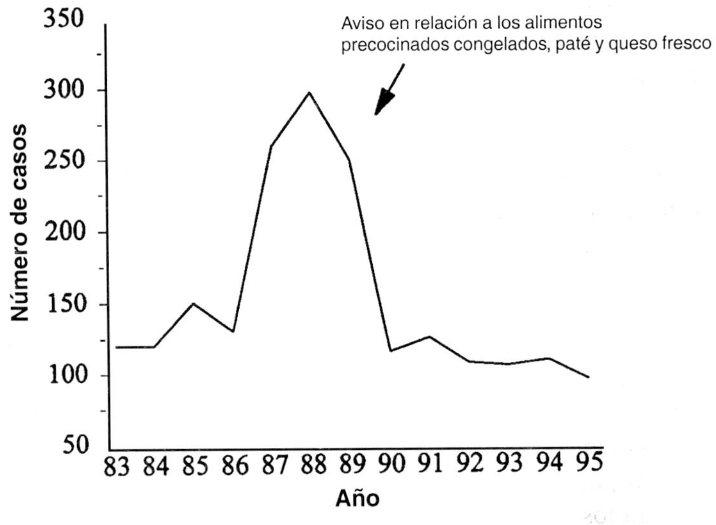

Figura 1.4 Listeriosis en Inglaterra y Gales 1983-95 (adaptado de Anon., 1997a).

Tabla 1.3 Incidencia de la listeriosis en diferentes países.

País	*Casos por año (aproximadamente)*	*Casos por millón de habitantes*	*Referencia*
Inglaterra y Gales	100	2-3	McLauchlin, 1993
Dinamarca	20-25	4-5	Qvist, 1996
USA	1.000	4,2	Tappero *et al.*, 1995
Canadá	40-60	–	Farber y Harwig, 1996
Francia	–	11	Bille, 1990.

Es sabido que los animales salvajes y domésticos son portadores de *L. monocytogenes* y muchos de ellos pueden llegar a infectarse y sufrir la listeriosis. En la oveja y otros animales cursa con septicemia y abortos y aunque raro, debe de considerarse el riesgo de infección a mujeres embarazadas, niños pequeños e individuos inmunodeprimidos. La mayoría de incidentes asociados con las granjas ocurren en forma de infecciones cutáneas de granjeros y veterinarios por contacto directo con los animales infectados. Éstas raramente evolucionan a algo más que infecciones benignas localizadas, que sanan solas, aunque pueden desarrollarse infecciones más graves (McLauchlin, 1993).

La listeriosis en bebés recién nacidos se ha presentado en varias ocasiones, con alrededor de 29 incidentes registrados en el Reino Unido (McLauchlin, 1996). La infección cruzada a partir de una única fuente de infección ha causado varios grandes brotes hospitalarios pero en muchos casos sólo se produjeron un número limitado de casos secundarios. Se ha estimado que ese tipo de contaminación cruzada es responsable de un 25% de las infecciones hospitalarias (McLauchlin, 1993).

Las especies de *Listeria* están ampliamente distribuidas en el medio ambiente: en el suelo (MacGowan *et al.*, 1994), los vegetales (Beuchat, 1996), la carne (Jay, 1996), la leche (Kozak *et al.*, 1996) y el pescado (Ben Embarek, 1994). Además, se ha descrito que un 2-6% de la población sana son portadores fecales asintomáticos de *L. monocytogenes* (Rocourt, 1996). Aunque la incidencia puede variar, es probable que de vez en cuando la mayor parte de materiales no procesados (crudos) o ligeramente elaborados estén contaminados con especies del género *Listeria* y *L. monocytogenes*. Por lo tanto, debe esperarse la presencia de este microorganismo en la mayoría de productos alimentarios de esta naturaleza. Es por esto que debe evaluarse el riesgo que *L. monocytogenes* supone para los procesos de producción de alimentos y para la seguridad potencial del producto terminado.

2

Brotes: causas y lecciones que deben aprenderse

INTRODUCCIÓN

En las últimas dos décadas han tenido lugar un gran número de brotes de listeriosis asociados al consumo de alimentos. La Tabla 2.1 resume información concerniente a unos pocos de estos brotes, indicando, tanto la naturaleza de índole mundial de los brotes, como la amplia variedad de alimentos involucrados. Estos han sido recogidos por McLauchlin (1996).

Un hecho significativo de muchos de estos brotes es el alto índice de mortalidad que llevan asociados. Los alimentos implicados en los brotes de listeriosis, incluyen productos pertenecientes a todos los grupos principales de alimentos: lácteos, carne, vegetales y pescado/marisco. Los brotes recogidos en la Tabla 2.1 representan solamente los principales brotes que han ocurrido, existiendo también un gran número de casos esporádicos que han tenido lugar a lo largo y ancho del mundo (McLauchlin, 1996). Además, también debe de existir, un número de casos esporádicos que, debido a su naturaleza, no puedan asociarse de forma definitiva a un alimento en particular. El análisis de los brotes transmitidos a través de los alimentos indica que los alimentos que reúnen las condiciones recogidas en la Tabla 2.2 presentan una mayor probabilidad que otros de verse implicados en un brote de listeriosis.

Los brotes demuestran de manera muy clara que el control de *L. monocytogenes* en la elaboración de los alimentos y sistemas auxiliares

Tabla 2.1 Brotes de listeriosis transmitidas a través de los alimentos.

Año	*País*	*Casos (muertes)*	*Alimento*	*Serotipo del brote*	*Referencia*
1980-81	Canadá	41 (18)	Ensalada de col	4b	Schlech *et al.*, 1983
1983	USA	49 (14)	Leche pasterizada	4b	Fleming *et al.*, 1985
1983-87	Suiza	122 (34)	Queso Vacherin	4b	Bille, 1990
1985	USA	142 (48)	Queso fresco estilo mejicano	4b	Linnan *et al.*, 1988
1987-89	Reino Unido	> 350 (> 90)	Paté belga	4b	Mclauchlin *et al.*, 1991
1992	Nueva Zelanda	4 (2)	Mejillones ahumados	1/2a	Baker *et al.*, 1993
1992	Francia	279 (63)	Lengua de cerdo con gelatina	4b	Goulet *et al.*, 1993
1994	USA	45 (0)	Leche chocolateada	1/2b	Dalton *et al.*, 1997
1995	Francia	20 (4)	Queso fresco elaborado con leche cruda	4b	Goulet *et al.*, 1995

Tabla 2.2 Factores asociados a los alimentos relacionados con brotes de listeriosis.

Factores de riesgo
Uso de ingredientes crudos no sometidos a procedimientos listericidas o productos susceptibles de contaminación post-elaboración
Almacenamiento en refrigeración
La formulación del producto permite su crecimiento
Tiempo de conservación prolongado (> 10 días)
Listo para comer

es absolutamente esencial. Las secciones siguientes tratan algunos de estos brotes con mayor detalle, revisando lo que fue mal e identificando algunas medidas que podían haberse tomado para prevenir que volviesen a ocurrir de nuevo ese tipo de incidentes. Los brotes se investigan normalmente a través de una perspectiva clínica y a menudo no se recoge una información completa acerca de la naturaleza del alimento involucrado y del proceso de producción utilizado. Las Tablas 2.3 a 2.8 combinan la información conocida junto con las razones más probables de por qué ocurrieron estos incidentes y las vías para controlarlos. Analizando los brotes de este modo puede entenderse mejor las prácticas que comprometen la seguridad del producto con respecto a *L. monocytogenes*. Esta comprensión puede utilizarse para mejorar la seguridad de los procesos y de los productos.

ENSALADA DE COLES: CANADÁ

Uno de los primeros brotes de listeriosis transmitida a través de los alimentos registrada en Norteamérica, tuvo lugar en Nueva Escocia entre 1981 y 1982 (Schlech *et al.*, 1983). Se estimó que el brote tuvo como resultado 41 casos de listeriosis con 18 muertes: 2 adultos y 16 fetos o neonatos. El brote, causado por *L. monocytogenes* 4b se asoció epidemiológicamente al consumo de ensalada de col (Tabla 2.3) habiendo sido aislado el mismo serogrupo (4b) a partir de un enfermo que sufría listeriosis, de una muestra de ensalada de col tomada de la nevera del enfermo y de paquetes sin abrir procedentes de supermercados. Es importante destacar que en muchos brotes, se implica a los alimentos en ausencia de evidencias microbiológicas inequívocas, basándose sólo en una encuesta sobre los alimentos más comunes que consumieron los individuos afectados. Incluso cuando la cepa causante del brote se aísla a

Tabla 2.3 Visión general del brote: ensalada de col.

Tipo de producto:	Col y zanahoria troceada
Año:	1981
País:	Canadá
Cantidades:	Desconocidas

Causas posibles
(i) Contaminación de la col con *L. monocytogenes* a partir de un abonado con estiércol de oveja
(ii) Almacenamiento en frío de la col durante un periodo prolongado permitiendo el crecimiento masivo *de L. monocytogenes*
(iii) Uso de la col en un producto listo para comer que no ha sufrido ningún tratamiento listericida

Posibilidades de control*
(i) Uso controlado del abono para prevenir la contaminación de los vegetales cultivados
(ii) Almacenamiento a temperaturas que prevengan el crecimiento *de L. monocytogenes* (< 1°C) o bien su almacenamiento durante periodos cortos de tiempo (< 10 días)
(iii) Lavado de la col troceada con agua clorada (100-200 ppm de cloro) para reducir la carga microbiana
(iv) Control del tiempo de vida útil del producto y del almacenamiento en condiciones de refrigeración

* Los controles sugeridos son sólo una guía y pueden no ser adecuados para circunstancias concretas. Se recomienda la realización, para cada proceso y producto, de un análisis de riesgos adecuado para identificar dónde deben implantarse los controles para minimizar el riesgo producido por *L. monocytogenes*.

partir de un alimento, este puede ser tan sólo uno hallado en el domicilio del enfermo, habiéndose podido contaminar el alimento en la propia casa. Las evidencias más concluyentes que implican a un alimento son normalmente las derivadas de muestras de alimentos sin abrir o de alimento obtenido del lugar de elaboración, en las que puede probarse que la cepa aislada es idéntica a la cepa obtenida del enfermo, como ocurrió en este brote.

La ensalada de col implicada en este brote de listeriosis era aparentemente una mezcla sin aliñar que incluía zanahoria y col. La ensalada de col puede elaborarse de dos modos. La ensalada de col tradicional se elabora cortando a tiras las hortalizas, las cuales deben trocearse, lavarse y mezclarse previamente a su envasado en un recipiente de plástico. Este es un producto que tiene un tiempo corto de conservación (4-7 días) en condiciones de refrigeración. La ensalada de col también puede elaborarse mediante la mezcla de las hortalizas a tiras con un aliño de pH controlado, normalmente mayonesa. La acidez del aliño, su bajo pH (normalmente 5,0) junto con el almacenamiento a temperaturas de refrigeración (5-8°C), ofrece alguna protección frente al crecimiento de cualquier patógeno potencial como *L. monocytogenes*. Sin embargo, en este brote, se supo que las coles empleadas para la ensalada procedían de unos terrenos que se habían tratado con abonos compuestos y sin tratar, provenientes de un rebaño de ovejas que habían sufrido recientemente listeriosis. También se piensa que esta ensalada de col era de las del tipo que no llevan un aliño para controlar el pH. Es posible que la col pudiese haber estado contaminada en grado amplio con *L. monocytogenes,* aunque es necesario señalar que las muestras medioambientales, incluyendo el abono sin tratar obtenido de la granja durante las investigaciones subsiguientes, no revelaron la presencia de *L. monocytogenes*. Sin embargo, el almacenamiento, antes de su uso, de col cruda durante periodos de tiempo prolongados (desde octubre hasta el principio de la primavera) es una práctica habitual y se piensa que incluso bajas cantidades de *L. monocytogenes* pueden haber sido capaces de crecer de manera importante durante este periodo de tiempo (Beuchat, 1996). Además, debido a que la ensalada de col implicada era una mezcla sin aliñar, es probable que el pH fuera superior a 5,0, proporcionando así unas condiciones adecuadas para el crecimiento del microorganismo en el producto final.

Parece claro, que incluso sin un conocimiento detallado del proceso entero y del producto, es posible identificar etapas que, si se controlasen, reducirían significativamente el riesgo producido por *L. monocytogenes*. Evitar la contaminación es, en primera instancia, la mejor política y es probable que la aplicación del abonado con estiércol sin tratar añada una contaminación microbiana elevada y varidada. En el caso de los vegetales utilizados sin ningún tratamiento listericida, debería considerarse evitar el uso de cualquier estiércol animal como fertilizante o bien utilizar únicamente aquellos productos cuya temperatura de tratamiento «pasterice» el estiércol. Sin embargo, incluso con las mejores prácticas de producción en el campo, debe asumirse que cualquier producto vegetal crudo puede estar contaminado ocasionalmente con microorganismos patógenos. Como *L. monocytogenes* es capaz de crecer en vegetales cuando se almacena durante largos periodos en condiciones de refrigeración, la col debería haber sido almacenada a temperaturas que evitasen el crecimiento, por ejemplo 0 a –1°C. La reducción del periodo de almacenamiento a < 10 días también debería haber disminuido significativamente el riesgo producido por *L. monocytogenes*. Un paso más en el proceso, que podría haber reducido cualquier nivel creciente de contaminación en la col, es la fase de lavado. Los vegetales crudos como la col se preparan normalmente quitando el centro y retirando las hojas exteriores antes de cortarla a tiras. Algunas fábricas utilizan un sistema de lavado con agua clorada, que puede reducir los niveles de contaminación principalmente por un efecto de aclarado, pero también por un efecto letal del cloro. Otros fabricantes evitan lavar algunos vegetales tratando de evitar de este modo la distribución de los microorganismos alterantes, levaduras y agua residual en los vegetales, lo que podría disminuir el efecto conservante del aliño o la mayonesa que se aplicase. Si se emplea la cloración del agua, es fundamental mantener suficiente cloro libre para evitar que el agua de lavado sea una fuente de contaminación cruzada de un lote a otro.

El crecimiento de *Listeria* en una ensalada de col aliñada es inhibido por el control del pH que ejerce el aliño de mayonesa, que tiene un cierto efecto antimicrobiano debido a la combinación del efecto conservante del ácido acético y al bajo pH. El mantenimiento del pH por debajo de 4,5 evitará el crecimiento de *Listeria* pero valores de pH por encima de 5 permitirán su crecimiento, aunque lentamente, durante su tiempo de vida útil.

La distribución y exposición de productos acabados a temperaturas comprendidas entre 0 y 5°C, combinado con un tiempo de vida útil limitado (< 10 días), también ayudarán al control del crecimiento y a la distribución de productos seguros para el consumo.

QUESO TIPO VACHERIN MONT D'OR: SUIZA

Entre 1983 y 1987 se registraron, en la parte occidental de Suiza (Cantón de Vaud) un total de 122 casos de listeriosis, que tuvieron como resultado 34 muertes. Tras una investigación detallada, estos casos se asociaron epidemiológicamente al consumo de queso Vacherin Mont D'Or (Bille, 1990) (Tabla 2.4). La cepa causante del brote fue aislada a partir de la superficie del queso, de un trozo de queso procedente de casa de un enfermo de listeriosis y del ambiente de las áreas de producción del queso, que presentaban un grado de contaminación importante en los estantes de madera y las brochas utilizadas para las salmueras en las cámaras de maduración.

El Vacherin Mont d'Or es un ejemplo de queso de pasta blanda madurado en superficie que se elabora con frecuencia utilizando leche sin pas-

Tabla 2.4 Visión general del brote: Vacherin Mont D'Or.

Tipo de producto:	Queso de pasta blanda madurado en superficie
Año:	1983-87
País:	Suiza
Cantidades:	10^4-10^6 por gramo

Posibles causas

(i) El posible uso de leche sin pasterizar contaminada con *L. monocytogenes*
(ii) Maduración del producto en un ambiente difícil de limpiar y abierto a productos que potencialmente pueden producir contaminación cruzada, por ejemplo, estanterías de madera
(iii) El crecimiento de cultivo durante la maduración del producto en superficie, aumenta el pH y permitiendo el crecimiento de *L. monocytogenes*
(iv) La maduración transcurre normalmente a temperaturas incluidas dentro del rango de crecimiento de *L. monocytogenes*
(v) El producto acabado tiene la capacidad de permitir el crecimiento de *L. monocytogenes*

Posibilidades de control*

(i) Pasterizar la leche o asegurar la selección de la leche de la más alta calidad a partir de granjas selectas que realicen severos controles y supervisen la higiene con regularidad
(ii) Utilizar un equipo de elaboración higiénico, capaz de limpiarse para lograr estándares higiénicos elevados
(iii) Fabricar el producto en el mínimo tiempo y la temperatura necesaria más baja para conseguir la calidad adecuada del producto
(iv) Controlar el tiempo de vida útil del producto y las condiciones de almacenamiento frigorífico

* Los controles sugeridos son sólo una guía y pueden no ser adecuados para circunstancias concretas. Se recomienda la realización, para cada proceso y producto, de un análisis de riesgos adecuado para identificar dónde deben implantarse los controles para minimizar el riesgo producido por *L. monocytogenes*.

terizar, aunque la naturaleza de la leche utilizada en la variedad implicada en este brote, no se aclara en los trabajos publicados. La leche cruda es una fuente potencial de un amplio rango de bacterias patógenas. *L. monocytogenes* está normalmente presente en análisis de leche cruda (Kozak *et al.,* 1996). El microorganismo proviene de infecciones de la ubre, de la contaminación de la superficie externa de la ubre o de la contaminación del equipo de ordeño y los recipientes de almacenamiento.

La mayor parte de los quesos se elaboran mediante la inoculación de la leche pre-calentada con el cultivo iniciador adecuado y la coagulación de las proteínas de la leche mediante el uso de la renina o quimosina. El suero líquido se retira de la cuajada mediante el cortado de ésta en trozos, su introducción en aros o moldes y permitiendo el drenaje del suero durante alrededor de 1 ó 2 días. La fermentación de la leche producida por el cultivo iniciador normalmente baja el pH a valores inferiores 5,0 de manera que el crecimiento de microorganismos contaminantes, como *Listeria* spp., en la leche cruda, durante esta etapa está normalmente inhibido por el desarrollo de la acidez, la reducción del pH y la presión competitiva que ejercen los microorganismos del cultivo iniciador. Al ser un queso blando, el Vacherin Mont d'Or, tiene un contenido en agua mayor que el de otros quesos como el Cheddar. Normalmente, el nivel de acidez y el bajo pH que presentan el queso fresco después de la fermentación previenen el crecimiento de *Listeria* durante la maduración. Sin embargo, uno de los principales problemas de las variedades de quesos de pasta blanda madurados en superficie, es que durante la maduración, se inoculan cultivos sobre las superficies externas del queso y se les aplica unas condiciones de crecimiento que permiten el desarrollo de la apariencia externa y el flavor característicos. Sin embargo, el crecimiento del cultivo también produce el incremento del pH en la superficie del queso hasta casi la neutralidad. Bajo condiciones en las cuales el pH ya no inhibe el crecimiento y existe un contenido en agua suficiente, cualquier *Listeria* presente, procedente de la leche cruda o de una contaminación post-procesado, puede proliferar rápidamente y alcanzar fácilmente niveles peligrosos.

Con respecto al control de *L. monocytogenes* en este producto, el punto de partida tiene que ser la leche cruda, de la que no se puede excluir la posibilidad de que *Listeria* esté presente. Sin embargo, si se trabaja con pautas cuidadosas de manejo animal e higiene durante el lavado y descontaminación de la ubre y del equipo de ordeño, es posible minimizar los riesgos de contaminación.

Como microorganismo psicrótrofo, el almacenamiento a bajas temperaturas durante largos periodos de tiempo favorece selectivamente a *Listeria* y por ello, es esencial el uso de la leche cruda tan rápido como sea posible para prevenir un crecimiento importante del patógeno en la leche.

En el brote de listeriosis asociado con el queso Vacherin Mont d'Or se determinó que el drenaje y la maduración del queso tuvo lugar en aros de madera sobre estanterías del mismo material, en las cuales la posibilidad de contaminación por *Listeria* era muy elevada. Como esto coincidió con el crecimiento del cultivo en la superficie y el aumento del pH en la superficie del queso, es altamente probable que la contaminación en esta etapa fuese capaz de alcanzar niveles suficientes para causar la listeriosis a individuos susceptibles. En un producto capaz de favorecer el crecimiento de *Listeria,* es absolutamente esencial que se mantengan las pautas de higiene ambiental más estrictas en las áreas de elaboración en las cuales el producto está expuesto al ambiente; cualquier nivel de contaminación puede crecer rápidamente hasta alcanzar cifras elevadas. La gestión de la higiene ambiental debe abarcar a todas aquellas áreas en las cuales *Listeria* puede acumularse, como suelos, paredes y sumideros, pero debe centrarse fundamentalmente en las superficies que entran en contacto con los productos, por ejemplo, estantes y carretillas, y áreas en las que se produce condensación.

En productos tales como los quesos de pasta blanda madurados en superficie elaborados con leche sin pasterizar no es posible eliminar por completo el riesgo de contaminación por *L. monocytogenes* ya que no existe ninguna etapa en el procesado que pueda asegurar la ausencia de este microorganismo en la leche cruda. Sin embargo, existen muchas fases en las cuales la presencia de *L. monocytogenes* puede aumentar de forma importante. Si estas etapas son controladas adecuadamente, puede reducirse significativamente el riesgo de brotes de listeriosis a partir de este tipo de quesos.

PATÉ BELGA: REINO UNIDO

Entre 1987 y 1989 el Reino Unido experimentó un gran aumento en la incidencia de la listeriosis subiendo de aproximadamente 100 casos por año hasta alcanzar un pico próximo a los 300 casos en 1989 (McLauchlin *et al.,* 1991). Tras una investigación detallada de los casos ocurridos, se concluyó que el aumento fue prácticamente debido por completo, al consumo de un paté contaminado importado de un fabricante belga (Tabla 2.5). Las muestras de paté obtenidas a partir del fabricante involucrado contenían cantidades de *L. monocyotogenes* serotipo 4b que variaban de $< 10^2$ a $> 10^6$ por gramo (McLauchlin, 1993). Tras una advertencia general procedente del departamento de salud en 1989 dirigida hacia mujeres embarazadas y hacia aquellos individuos particularmente susceptibles a la infección para que evitaran el consumo de paté y queso fresco, junto con la retirada del mercado del paté elaborado por el fabricante involucrado, el nivel registrado de listeriosis disminuyó drásticamente (McLauchlin *et al.,* 1991). Desde entonces, la incidencia de la listeriosis

Tabla 2.5 Visión general del brote: paté belga.

Tipo de producto:	Paté cocido pre-envasado
Año:	1987-89
País:	Reino Unido
Cantidades:	$< 10^2$ a 10^6 por gramo

Posibles causas

(i) Contaminación tras el tratamiento del producto durante el corte/envasado
(ii) Amplio tiempo de vida útil (5 semanas) en almacenamiento frigorífico
(iii) Producto capaz de permitir el crecimiento de *L. monocytogenes* a temperaturas de refrigeración

Posibilidades de control*

(i) Control del proceso de cocción
(ii) Diseño higiénico del equipamiento, en particular el del posterior al tratamiento térmico
(iii) Seguimiento estricto de programas de limpieza efectivos de todo el equipamiento, especialmente de las cortadoras y de las cintas transportadoras
(iv) Seguimiento regular de la eficacia de la limpieza
(v) Control del tiempo de vida útil del producto para su venta y de las condiciones del almacenamiento frigorífico

* Los controles sugeridos son sólo una guía y pueden no ser adecuados para circunstancias concretas. Se recomienda la realización, para cada proceso y producto, de un análisis de riesgos adecuado para identificar dónde deben implantarse los controles para minimizar el riesgo producido por *L. monocytogenes*.

ha permanecido estable en torno a aproximadamente 100 casos por año en Inglaterra y País de Gales (Anon., 1997a).

El paté se elabora mediante la preparación de una emulsión de carne cruda, grasa, especias y otros ingredientes menores. Para su venta en mostradores de «delicatessen», el producto es envasado en grandes recipientes rectangulares sellados herméticamente y cocido para alcanzar temperaturas de alrededor de 80°C, que son suficientes para destruir elevadas cantidades de las formas vegetativas de microorganismos contaminantes que pueden estar presentes en el producto crudo. Tras un rápido enfriamiento, el paté se saca de los recipientes, se corta en porciones y se vuelve a envasar para su venta al por menor como productos ya envasados o se distribuye para su venta a granel en los mostradores de «delicatessen». En estas circunstancias, la fuente de contaminación puede aparecer únicamente como resultado, bien de un proceso inadecuado de cocción o bien por una contaminación cruzada tras el tratamiento térmico. Al paté implicado en este brote se le dio un tiempo de vida útil excesivo de 5 semanas, el cual, dado la naturaleza altamente nutritiva del paté, que tiene un pH neutro y pocos agentes conservantes, podría permitir rápidamente el crecimiento de *Listeria* hasta niveles muy elevados.

En el estudio de este brote resulta evidente que existen un número de puntos críticos de control en el procesado de un producto cárnico cocido, que tienen consecuencias sobre el control de *Listeria*. Aunque no se implicó como causa de este brote, la fase de control más importante y obvia es la cocción. Es fácil asumir que cualquier proceso de cocción dará lugar a un producto final seguro, independientemente de los niveles de contaminación de las materias primas, pero el logro de los tiempos y temperatura de tratamiento correctos que aseguren una reducción suficiente de la carga microbiana inicial de la materia prima es crítico para la salubridad del producto.

Es altamente improbable que el problema de este paté fuese debido a un tratamiento térmico inadecuado, siendo mucho más probable que se hubiese debido a una posterior contaminación cruzada del producto cocinado expuesto. Dependiendo de las condiciones post-tratamiento empleadas en este paté, la contaminación potencial podría provenir de las siguientes áreas clave:

- El enfriamiento, si el producto es expuesto durante el enfriamiento.
- La contaminación a partir de las superficies en contacto con el alimento, o recipientes utilizados para transportar el producto dentro de la fábrica.
- Maquinas cortadoras o cintas de transporte si el producto se vende como pre-envasados.
- Aderezado, si tras el procesado se decora el producto.

Sin embargo, un modo efectivo de reducir el riesgo asociado a *Listeria* es asegurar el mantenimiento de altos estándares en la higiene ambiental de los sistemas de enfriamiento, mediante el uso de procedimentos regulares de limpieza e higienización junto con las normas básicas de las buenas prácticas higiénicas.

En la mayoría de las operaciones realizadas sobre los productos cárnicos cocidos, las mayores oportunidades para que se contamine el paté u otros productos cocidos aparecen durante el troceado y aderezado. Normalmente, el producto cocido y ya frío se saca a mano de los recipientes empleados para su cocción y se colocan en bandejas o estantes. Entonces se enfrían rápidamente (de –2 a 0°C) para permitir el mejor desarrollo del troceado. Los bloques de paté se cortan normalmente mediante un sistema continuo, seguido en la línea por un envasado automático y el sellado del producto en su envase definitivo. El paté a granel para los mostradores de «delicatessen» debe aderezarse con hierbas y especias antes del envasado. En todos estos casos, las posibilidades de contaminación tras el tratamiento térmico a partir del ambiente y del personal son importantes.

La contaminación puede minimizarse poniendo especial atención a las prácticas higiénicas en las superficies que entran en contacto con el producto durante las operaciones de transferencia y de troceado. Esto incluye los estantes en los que se deposita el producto cocido, los mecanismos de carga, las cortadoras y las cintas transportadoras. El minimizado de las carreras de producción y la introducción de ciclos frecuentes de limpieza y descontaminación, son esenciales para prevenir que *Listeria* spp. tenga acceso al equipamiento como para poder llegar a acumularse hasta niveles suficientes que permitan una contaminación cruzada muy importante. La contaminación no puede eliminarse por completo, pero mediante la aplicación de unas buenas prácticas higiénicas puede reducirse a un nivel mínimo. Incluso poniendo en práctica una buena higiene, es probable que los productos cárnicos en lonchas aún se hallen contaminados con *Listeria* spp., con una incidencia que ocasionalmente llega hasta el 5%, aunque *L. monocytogenes* aparecería con una incidencia mucho más baja. El objetivo debería ser la eliminación de *L. monocytogenes* del ambiente y del producto, pero como el mayor riesgo para la salud pública está asociado a altos niveles del microorganismo, el objetivo principal será asegurar que cualquier contaminación por *Listeria* se mantenga a bajos niveles, por ejemplo < 10 por gramo y además conseguir una baja incidencia. Resulta evidente de los resultados de la investigación realizada por el Servicio de Laboratorios de Salud Pública sobre el paté cocido del fabricante implicado, que mostró una incidencia de *L. monocytogenes* superior al 48% (McLauchlin *et al.,* 1991), que este objetivo no había sido alcanzado. Por el contrario, la incidencia de *L. monocytogenes* en otro paté que fue muestreado en 1989 fue del 4%.

Por supuesto, es posible que, incluso con bajos niveles de contaminación, *L. monocytogenes* crezca en productos cárnicos cocidos como el paté, debido a la ausencia en el producto de cualquier otro factor inhibidor. Un paté típico tiene un pH de 6,5, junto con una actividad de agua de 0,98 y aunque normalmente contiene nitrito sódico, éste presenta un efecto limitado sobre el crecimiento de *L. monocytogenes*. Pese a que se reduce el crecimiento a temperaturas de refrigeración, es probable que las cantidades de *L. monocytogenes* contaminante puedan haberse incrementado significativamente a lo largo del periodo de conservación de 5 semanas que se había establecido para este producto. Mientras obviamente, la disminución del periodo de conservación no tendría efecto en la prevención de la contaminación del producto con *L. monocytogenes,* parece claro que lograría disminuir el tiempo de que dispone el patógeno para multiplicarse hasta llegar a la dosis infectiva. Incluso una valoración de riesgos básica concluiría que un producto con una baja incidencia y bajos niveles de *L. monocytogenes,* que además presente un tiempo de vida útil en refrigeración limitado, tendría un bajo riesgo de desarrollar altas cantidades del microorganismo en un gran número de productos. En consecuencia, esto disminuiría el riesgo de que uno de estos productos sea consumido por un individuo susceptible. Por consiguiente, si bien sigue existiendo este riesgo en el paté, canalizando los esfuerzos en la reducción de la incidencia mediante la aplicación de buenas normas higiénicas y mediante la introducción de una reducción moderada en el tiempo de vida útil, puede reducirse el riesgo de aparición de brotes en el futuro.

LENGUA DE CERDO EN GELATINA: FRANCIA

Un brote de listeriosis, que tuvo como consecuencia un número de muertes extremadamente elevado, ocurrió en Francia entre marzo y diciembre de 1992 (Goulet *et al.,* 1993). Aunque el vehículo sospechoso de causar el brote fue una lengua de cerdo cocida con gelatina, se cree que un brote tan amplio pueda haber sido facilitado por una amplia contaminación cruzada en los mostradores de las tiendas de «delicatessen» desde el punto de partida (Tabla 2.6). Se piensa que se produjeron un total de 279 casos de listeriosis, que dieron como resultado 63 muertos y 22 abortos.

Durante las investigaciones del brote se obtuvieron alrededor de 12.000 aislamientos de *L. monocytogenes* a partir del producto y muestras ambientales tomadas a partir de los fabricantes, vendedores y consumidores domésticos. Doscientas tres muestras estaban contaminadas con la cepa causante de la epidemia, principalmente en jamón cocido, paté, productos con gelatina y varios quesos. Se investigó a todos los fabricantes de aquellos productos en los cuales se había aislado la cepa causante de la epidemia, para evaluar las normas de fabricación y los procedimientos de limpieza, aunque las investigaciones epidemiológicas implicaban firmemente a la lengua de cerdo en gelatina. Los servicios de salud pública realizaron recomendaciones a los consumidores, como en el brote vehiculado por paté en el Reino Unido, dirigidos a las mujeres embarazadas, a las personas inmunodeprimidas y a los ancianos. Además se revisaron las normas de higiene para los fabricantes y vendedores. Se cree que

Tabla 2.6 Visión general del brote: lengua de cerdo en gelatina.

Tipo de producto: Producto cárnico cocido en gelatina
Año: 1992
País: Francia
Niveles: Desconocidos

Posibles causas
(i) Contaminación del producto durante la elaboración, probablemente tras el procesado
(ii) Gran venta y distribución en los mostradores de las tiendas de «delicatessen»
(iii) Amplia contaminación en los mostradores de las tiendas de «delicatessen» y posibilidad de supervivencia y contaminación cruzada a otros productos
(iv) Producto capaz de permitir el crecimiento de *L. monocytogenes* a temperaturas de refrigeración

Posibilidades de control*
(i) Diseño higiénico de todo el equipamiento, particularmente del procesado tras los tratamientos listericidas
(ii) Limpieza regular del entorno de producción y seguimiento de la eficacia de la limpieza
(iii) Procedimientos que aseguren la limpieza efectiva de los mostradores de las tiendas de «delicatessen»
(iv) Entrenamiento al personal de venta en los mostradores sobre las buenas prácticas higiénicas
(v) Control de la temperatura y del tiempo de vida útil del producto a granel, del producto expuesto (en la venta en el mostrador) y del tiempo de vida útil para el cliente

* Los controles sugeridos son sólo una guía y pueden no ser adecuados para circunstancias concretas. Se recomienda la realización, para cada proceso y producto, de un análisis de riesgos adecuado para identificar dónde deben implantarse los controles para minimizar el riesgo producido por *L. monocytogenes*.

la retirada del producto y el subsiguiente aviso a los consumidores fue el principal responsable de la finalización del brote (Rocourt, 1996).

En este brote, resulta aparente que debieron ocurrir deficiencias en varios pasos de la cadena alimentaria desde la fabricación hasta la venta y posiblemente incluso en el hogar. La contaminación del producto inicial proporcionó la fuente de *L. monocytogenes* y las medidas ya descritas para el brote ocurrido en el Reino Unido y asociado con el paté belga, se aplican de igual modo para evitar y minimizar la contaminación de la lengua de cerdo en gelatina. Las investigaciones llevadas a cabo en seis plantas de elaboración lograron identificar a *L. monocytogenes* en el 33%

de las muestras ambientales tomadas en el área de producto acabado (Salvat *et al.*, 1995). En una planta que fabricaba lengua de cerdo en gelatina, se aisló la cepa de *L. monocytogenes* causante de la epidemia a partir de una muestra de salmuera sin tratar. *L. monocytogenes* fue detectada en varias superficies que entran en contacto con el producto, incluidas mesas, cintas transportadoras, máquinas, moldes, cuchillos y carretillas para la carne. Es interesante señalar que la planta de fabricación que se utilizó como «control» en la investigación ya que no había sido implicada en el brote, presentaba una contaminación mucho mayor que la planta que fabricaba la lengua de cerdo en gelatina implicada en el brote. Sin embargo, en todos los casos la presencia de *L. monocytogenes* se atribuyó a malas pautas de limpieza que en muchos casos dejaban las superficies en contacto con el producto con una capa de limo o con manchas visibles. También se señaló que una causa responsable de los altos niveles de contaminación podría ser la contaminación cruzada del producto crudo al ya cocido, particularmente al trasladarse los contenedores y las carretillas de la zona de productos crudos a la de cocidos. Finalmente, se dio al producto un periodo de conservación largo de entre 30 a 42 días, el cual proporcionaría tiempo suficiente para que *L. monocytogenes* se multiplicase hasta alcanzar altos niveles.

Dada esta suma de contaminación cruzada potencial y limpieza inadecuada, quizás sea sorprendente que en el brote no se haya visto involucrada otra bacteria patógena a parte de *L. monocytogenes*. Sin embargo, se puede decir que el brote podía haber sido contenido o limitado si las prácticas higiénicas utilizadas en los mostradores de venta de «delicatessen» fueran tales que hubiesen evitado la contaminación cruzada a otros productos. La investigación encontró contaminación en productos y utensilios utilizados en los mostradores de venta de «delicatessen» y es fácil entender como varios productos podían haber llegado a contaminarse mediante el uso del equipamiento habitual de trocear o cortar o de los utensilios del entorno de venta. Los productos de los cuales se aisló la cepa causante del brote eran capaces de favorecer el crecimiento de *L. monocytogenes,* incluyendo el jamón, el queso y la lengua de cerdo. Las condiciones de almacenamiento de estos productos y el tiempo que habían sido mantenidos en los hogares de los consumidores pudo también haber contribuido a aumentar los niveles de las cepas causantes de la epidemia.

La principal área en la que hay que incidir para prevenir este tipo de brotes es el proceso de elaboración y los procedimientos de prevención descritos para el caso del brote en el Reino Unido causado por el paté belga, se aplicarían de igual modo aquí. Sin embargo, hay una diferencia sustancial en los productos que es la presencia de gelatina o jalea en la lengua de cerdo.

A un variedad de productos cárnicos cocidos se les aplica jalea o gelatina después de la cocción y es sabido que esto supone un riesgo importante si no se controla adecuadamente. En este brote no está claro si la gelatina fue aplicada antes o después del tratamiento, pero es necesario establecer procedimientos estrictos para prevenir la contaminación primaria y el posterior crecimiento de *L. monocytogenes* en la gelatina. Normalmente, la gelatina se almacena en estado fluido y caliente y se inyecta o se vierte alrededor del producto. Se puede utilizar un almacenamiento de la gelatina a temperaturas elevadas > 63°C para asegurar que el producto permanece libre de células patógenas vegetativas. Sin embargo, esto puede conducir al deterioro de la gelatina. La gelatina acidificada (pH inferior a 5) puede ser utilizada para al menos inhibir el crecimiento de los microorganismos contaminantes. En muchos casos no es la disolución de gelatina a granel la que causa los problemas, sino que son las conducciones y el equipo utilizado para inyectar o aplicar la gelatina al producto cárnico los más vulnerables. Es necesario prestar una especial atención a la higiene de este equipamiento, utilizando procedimientos de limpieza minuciosos y regulares. Para facilitar una limpieza efectiva, es necesario introducir paradas completas del uso de la maquinaria, al menos diariamente, de manera que se pueda limpiar el sistema completo.

Como ocurre con muchos productos cárnicos cocidos, es muy difícil asegurar la ausencia completa de *L. monocytogenes;* en consecuencia, los procedimientos establecidos a nivel de venta deben diseñarse teniendo en cuenta riesgos como este. Probablemente, es excesivo esperar el uso de utensilios y equipos distintos para cada tipo de producto presente en el mostrador de «delicatessen». Sin embargo, lo que es esencial es que las pautas que se establezcan minimicen y rompan la cadena de la contaminación cruzada a intervalos regulares. De hecho, no es diferente a la limpieza regular y la desinfección en las plantas de fabricación. Los utensilios, mostradores y bandejas deben limpiarse a intervalos frecuentes para asegurar que cualquier contaminante que se encuentre presente es retirado, previniendo así la posibilidad de que crezca y contamine otros productos. Es necesario prestar especial atención a áreas tales como el equipo de troceado para los cuales pueden ser difíciles de aplicar procedimientos efectivos y frecuentes de limpieza debido a problemas relacionados con el desmontaje de las partes en contacto con el alimento en este tipo de máquinas. No obstante, debido a que este es un importante punto crítico de control, deben desarrollarse, realizarse y mantenerse, procedimientos de limpieza frecuentes de las cortadoras, para minimizar los riesgos potenciales de contaminación del producto durante el troceado. Además, nos encontramos con frecuencia que lugares tales como los soportes para cuchillos, o las zonas de contacto entre superficies (uniones entre las tablas de trocear y las mesas, los bordes y repisas de los mostradores de venta refrigerada) pueden ser difíciles de limpiar y, en consecuencia, hospedar a posibles contaminantes. Finalmente, por supuesto, con productos que sufren una elevada manipulación, como aquellos que se venden en los mostradores de «delicatessen», es imperativo el restringir el tiempo de conservación de los productos capaces de favorecer el crecimiento de microorganismos contaminantes como *L. monocytogenes*.

MEJILLONES AHUMADOS: NUEVA ZELANDA

El pescado y el marisco se han visto implicados en unos pocos brotes de listeriosis (McLauchlin, 1996). Sin embargo, los mejillones ahumados fueron responsables de un brote ocurrido en Nueva Zelanda durante 1992 (Baker *et al.*, 1993). El brote incluyó 4 casos perinatales; aunque no se registro la muerte de ningún adulto, un caso tuvo como resultado el aborto de unos gemelos y en otro caso un niño nacido dentro de plazo desarrolló meningitis tras siete dias. Se aisló *L. monocytogenes* serotipo 1/2a de tres casos (dos de los cuales presentaron un historial de ingesta de mejillones ahumados de una marca en particular) y se aisló el serotipo 4 de un cuarto caso, que consumió mejillones de una marca diferente. La cepa 1/2a del brote fue aislada a partir de un paquete sin abrir de mejillones ahumados y se probó que era indistinguible, mediante métodos de identificación genética o «fingerprinting» (fagotipado, polimorfismo en la longitud de los fragmentos obtenidos mediante enzimas de restricción y electroforesis en gel con campos eléctricos pulsantes) de las cepas aisladas de los dos enfermos con un historial definido de consumo de mejillones de la misma marca. El microorganismo se aisló a partir de muestras de este producto tomadas posteriormente y también de un número de localizaciones dentro de la factoría de elaboración de estos mejillones (Tabla 2.7). Las cantidades de *L. monocytogenes* halladas en el alimento examinado procedente de la nevera de uno de los pacientes fueron aproximadamente de 10^3 por gramo.

La contaminación original de los mejillones pudo haber tenido lugar en las áreas de crecimiento y cultivo y/o durante cualquier fase de salazonado previa al ahumado en caliente. Cualquier *L. monocytogenes*

Tabla 2.7 Visión general del brote: mejillones ahumados.

Tipo de producto:	Mejillones ahumados
Año:	1992
País:	Nueva Zelanda
Niveles:	10^3 por gramo

Posibles causas
(i) Contaminación del producto tras el cocido
(ii) Producto capaz de permitir el crecimiento de *L. monocytogenes*
(iii) Largo tiempo de conservación en refrigeración del producto

Posibilidades de control*
(i) Asegurara unas condiciones limpias de crecimiento y cultivo
(ii) Utilizar disoluciones recientes de salmuera o limitar su periodo de uso
(iii) Diseño higiénico del equipamiento, en particular el la fases posteriores al tratamiento
(iv) Seguimiento estricto de planes efectivos de limpieza de todo el equipo
(v) Seguimiento regular de la eficacia de la limpieza
(vi) Control del tiempo de vida útil para venta y de las condiciones de almacenamiento frigorífico

* Los controles sugeridos son sólo una guía y pueden no ser adecuados para circunstancias concretas. Se recomienda la realización, para cada proceso y producto, de un análisis de riesgos adecuado para identificar dónde deben implantarse los controles para minimizar el riesgo producido por *L. monocytogenes*.

que contaminase el producto podría haber sobrevivido al tratamiento de ahumado, o bien la contaminación podría haber tenido lugar tras este proceso. Como el producto es capaz de favorecer el crecimiento de *L. monocytogenes* y se determinó un tiempo de conservación para este alimento de 8 semanas (McLauchlin, 1996), *L. monocytogenes* podría haber incrementado su número considerablemente durante el largo almacenamiento en refrigeración, incluso si inicialmente hubiese estado presente en pequeñas cantidades.

Los mejillones ahumados en caliente se elaboran, empapando a los mejillones en una salmuera y aplicándoles un proceso que combina el ahumado y el tratamiento térmico en una cámara de ahumado. La temperatura en la cámara de ahumado normalmente es de 70-80°C y los mejillones se ahuman durante periodos de tiempo relativamente cortos (normalmente menos de 1 hora). Las temperaturas alcanzadas en el producto varían considerablemente pero pueden situarse entre los 55 a los 70°C. Como en cualquier otro proceso, la combinación tiempo y temperatura empleados es crítica. No se cuestiona el que *Listeria* spp. pueda ser destruida durante el proceso de ahumado en caliente, pero está claro que pequeñas fluctuaciones en la temperatura pueden tener un efecto importante en la reducción de la eficacia del proceso.

Se han determinado los valores D de *L. monocytogenes* en mejillones de concha verde, siendo estos de 48,09 min y 1,85 min a 56°C y 62°C respectivamente, con un valor *z* de 4,25°C (Bremer y Osborne, 1995). Algunos trabajos señalan un efecto inhibidor del humo pero, dependiendo de los compuestos volátiles producidos durante el proceso, es probable que éste sea altamente variable. Posteriormente, se empaquetan los mejillones y son refrigerados para su venta.

Las principales vías de contaminación para estos productos son mediante contaminación cruzada procedente del ambiente, antes y después del tratamiento térmico. Una causa que, muy probablemente, contribuyó a este problema es el tiempo de vida útil tan largo que se estableció para este producto; esto puede haber permitido un crecimiento importante de *L. monocytogenes* presente en el producto. Los mejillones tienen un pH próximo a la neutralidad y una alta actividad de agua. Asumiendo que el humo no ejerce ningún efecto como agente anti-listeria, es posible que bajos niveles de contaminación, por ejemplo 10 por gramo, se incrementen significativamente tras 8 semanas. Por consiguiente, está claro que a menos que el producto envasado sea sometido a un tratamiento térmico adecuado, el tiempo de conservación debía de haber sido considerablemente menor que el establecido, probablemente no más de 7-10 días en condiciones de refrigeración bien controladas. Incluso, sometido a un tratamiento térmico ya empaquetado, es recomendable un estudio de validación para determinar un tiempo de conservación seguro para el producto.

LECHE CHOCOLATEADA: USA

La mayoría de los incidentes de listeriosis tienden a presentarse como casos aislados y la afección tiende a reconocerse como consecuencia de una enfermedad invasiva y por consiguiente sólo se investiga a aquellos individuos que presentan síntomas relativamente graves. Unos brotes recientes han indicado que *L. monocytogenes* puede causar los síntomas clásicos de la gastroenteritis con fiebre, los cuales pueden no llegar a ser diagnosticados. Esto ocurre debido a que en las muestras de heces provenientes de personas que presentan síntomas de un «intoxicación alimentaria» no se busca la presencia de *L. monocytogenes*.

La evidencia más reciente de la gastroenteritis provocada por *L. monocytogenes* ocurrió en una merienda en un local de espectáculos de vaqueros en Illinois, USA en 1994 (Dalton *et al.*, 1997). Un total de 45 personas sufrieron síntomas de gastroenteritis, con una mayoría de personas que sufrieron diarrea (79%) y fiebre (72%) aproximadamente tras 20 horas del consumo de una bebida elaborada con leche pasterizada y chocolateada (Tabla 2.8). Cuatro personas fueron hospitalizadas y aunque las cantidades de *L. monocytogenes* detectadas en la leche fueron de entre $8{,}8 \times 10^8$ por ml y $1{,}2 \times 10^9$ por ml, no se informó de que tuviese lugar ninguna muerte. Quizás lo más sorprendente es que una de las afectadas era una mujer embarazada de 40 semanas de gestación, que sufrió un episodio de 6 horas de diarreas y que 5 días después dio a luz a un niño sano. La cepa de *L. monocytogenes* causante del brote fue aislada a partir de muestras de heces de los individuos infectados, de un depósito de almacenamiento en la planta de elaboración que producía la leche chocolateada, y de envases sin abrir de la leche chocolateada implicada.

Tabla 2.8 Visión general del brote: leche chocolateada.

Tipo de producto:	Leche pasterizada con saborizantes
Año:	1995
País:	Estados Unidos
Niveles:	10^7-10^9 por ml

Posibles causas

(i) Contaminación de la leche pasterizada tras el tratamiento térmico debido a un tanque de almacenamiento del producto en mal estado
(ii) Abuso de alta temperatura del producto previo a su consumición
(iii) Producto capaz de permitir el crecimiento de *L. monocytogenes* a temperaturas de refrigeración

Posibilidades de control*

(i) Diseño higiénico de todo el equipamiento, particularmente tras el tratamiento listericida
(ii) Inspección visual o verificación de la integridad del depósito
(iii) Limpieza regular y seguimiento de la eficacia de la limpieza
(iv) Mostrar con claridad en el envase destinado al consumidor una recomendación acerca de la necesidad de almacenar el producto a temperaturas de refrigeración y utilizarlo en la fecha señalada

* Los controles sugeridos son sólo una guía y pueden no ser adecuados para circunstancias concretas. Se recomienda la realización, para cada proceso y producto, de un análisis de riesgos adecuado para identificar dónde deben implantarse los controles para minimizar el riesgo producido por *L. monocytogenes*.

El producto parecía ser similar a muchos productos estándar elaborados con leche pasterizada y la única diferencia importante era la incorporación del condimento de chocolate antes del tratamiento térmico. El producto era pasterizado a una temperatura superior a 87°C durante 18 segundos y las investigaciones no encontraron ningún fallo relacionado con las condiciones de pasterización. La leche era inmediatamente enfriada a menos de 8°C, y como es frecuente en muchos productos elaborados con leche pasterizada, es llevado a un tanque de almacenamiento, previamente al envasado. El tanque de almacenamiento presenta una camisa diseñada para contener un refrigerante que mantenga el producto en condiciones de refrigeración. Sin embargo, parece que no había sido posible utilizar un líquido refrigerante debido al pobre estado de mantenimiento del encamisado del tanque. El producto se mantuvo en este tanque durante un periodo de 2 horas antes del envasado tras un tiempo de producción de alrededor de 7 horas.

Durante la investigación se encontró que la línea del encamisado del tanque de almacenamiento no estaba intacta, permitiendo a la leche chocolateada se filtrase al interior de la camisa donde permanecía como «reservorio» hasta que el tanque se vaciaba durante el envasado. En este punto, el producto podía retornar al contenedor y contaminar al producto restante mientras se envasaba. Además los aspersores utilizados para distribuir la disolución higienizante durante la limpieza estaban obturados y esto probablemente evitó una distribución eficiente de los productos químicos de limpieza en el contenedor durante el proceso de lavado.

El producto empaquetado se mantuvo en una cámara de refrigeración y se repartió posteriormente en un vehículo refrigerado a un distribuidor. Ciento ochenta cartones se transportaron sin refrigeración durante unas dos horas, tras lo cual se almacenaron durante la noche en una nevera de uso doméstico antes de ser colocadas en una nevera portátil sin refrigeración a las 11 a.m. para su consumo en el espectáculo de vaqueros en Illinois durante la mañana y la tarde, aunque la mayoría se consumió entre las 11,30 a.m. y las 12,30 p.m.

Probablemente no es necesario describir en detalle las razones por las cuales ocurrió este brote y los controles que podrían haberlo prevenido ya que son obvios. La pasterización, un punto crítico de control clave en el proceso, parecía estar bien controlado y las condiciones del tratamiento fueron suficientes para destruir incluso elevadas cantidades de *Listeria* spp. en la materia prima. Sin embargo, como se ha visto con la mayoría de los otros brotes, el microorganismo parece haberse introducido como un contaminante tras el procesado. Como psicrótrofo, está clara y selectivamente favorecido por el uso de condiciones de refrigeración y como la leche cruda ha sido pasterizada a una elevada temperatura, cualquier contaminación tras el procesado no sería objeto de la presión competitiva normal, ya que sólo otros pocos microorganismos estarían presentes. Por consiguiente, incluso en buenas condiciones de control de la temperatura, *L. monocytogenes,* si se encuentra presente, podría representar un riesgo importante, en particular si el tiempo de conservación del producto es de 18 o más días. Claramente, tras la pasterización, las vías adicionales para controlar *a L. monocytogenes* deberían haber estado encaminadas a evitar la contaminación tras el tratamiento, proporcionar unas adecuadas condiciones controladas de almacenamiento en refrigeración del producto y aplicar un tiempo de conservación más corto.

El estado de conservación del equipamiento de procesado y su limpieza e higienización efectivas, son unos factores importantes para controlar a *Listeria* spp. Todos los planes de limpieza deben de apoyarse en una inspección regular de los contenedores, para ver las áreas potenciales en las cuales la limpieza *in situ* del sistema presenta un alcance limitado. Además los controles de la integridad de los tanques debe planearse con regularidad.

El hecho de que el contenedor no se hubiese utilizado como un tanque refrigerado debido al mal estado de su camisa aislante, sería sólo un factor importante si el tiempo total de permanencia del producto en el tanque antes y durante el envasado es suficiente como para permitir un aumento en la temperatura del producto. Con volúmenes tan grandes de producto (> 1.300 litros) distribuidos al tanque a menos de 8°C, es discutible si la temperatura del producto aumentaría significativamente en esta fase, aunque esto no puede descartarse.

El principal problema que pudiera haber ocurrido es que se pudieran desarrollar en la camisa unos niveles de contaminación elevados e inocular al producto directamente durante la operación de envasado. El subsiguiente abuso en temperatura de conservación previo al consumo permitiría un gran crecimiento de *Listeria.*

Es difícil asegurarse de que todos los consumidores mantienen los productos a temperaturas de refrigeración a lo largo de su tiempo de conservación y el etiquetado siempre debería explicarlo con claridad. Este alimento estaba diseñado para ser almacenado en refrigeración y, con tal de que se evite la contaminación post-tratamiento por *L. monocytogenes,* el tiempo de conservación estipulado para este producto no hubiese supuesto un riesgo importante.

En este tipo de procesos de pasterización que utilizan un equipo completamente cerrado, se pueden conseguir fácilmente tiempos de conservación prolongados, pero el riesgo existente por una potencial contaminación tras el procesado con patógenos psicrótrofos como *L. monocytogenes* debería haber sido identificado mediante un análisis de riesgos. Este hubiese sugerido la realización de los controles e inspecciones adecuados del proceso y del equipamiento para asegurar la integridad de la planta de procesado, evitando así el brote mediante el uso de medidas preventivas. Sin embargo, cualquier producto que vaya a ser objeto de desarrollo por parte de una industria alimentaria, debe incorporar un margen de seguridad que tenga en cuenta un cierto abuso de las temperaturas de conservación medias. Bajo estas circunstancias, es probable que el tiempo de conservación de este producto hubiese sido reducido.

3

Factores que afectan al crecimiento y la supervivencia de *Listeria monocytogenes*

GENERALIDADES

Listeria spp., incluyendo a *L. monocytogenes,* está presente y se seguirá encontrando en un amplia variedad de materias primas alimentarias. La exposición natural de verduras, frutas, cereales, alimentos de origen animal, pescado y carne de ave a las fuentes medioambientales del microorganismo hace imposible, en este tipo de alimentos, que su producción se lleve acabo en ausencia de *L. monocytogenes*. Con el fin de asegurar la seguridad de los productos alimentarios con respecto a su potencial como vehículos de bacterias patógenas, el crecimiento, el cultivo, el manipulado, el almacenamiento, el procesado y los sistemas auxiliares asociados deben ser gestionados por los productores y fabricantes de alimentos de un modo tal que se controle fidedignamente el crecimiento de cualquier patógeno que pueda estar presente. Para *L. monocytogenes* en particular, debe evitarse el que se multiplique hasta cantidades potencialmente peligrosas. Para conseguir esto, es necesario comprender las condiciones y factores que afectan a su crecimiento y su supervivencia.

Es primordial prestar una especial atención a las prácticas de limpieza e higienizado a lo largo de la cadena de suministro de los alimentos con el fin de minimizar las cantidades de *L. monocytogenes* que contaminen a las producciones de plantas y animales así como al ambiente de elaboración de los alimentos. Después de eso, es el tratamiento y la formulación de los alimentos en sí mismos, los que determinarán cómo cualquier población residual de *L. monocytogenes* contaminante se desarrolla.

TEMPERATURA

Dentro de los procesos de elaboración de los alimentos, existen una variedad de factores físico-químicos, que se emplean bien por separado o bien de forma combinada, que pueden ser efectivos en el control de la supervivencia y crecimiento de *L. monocytogenes* tanto durante el procesado como en el producto terminado.

L. monocytogenes puede sobrevivir durante varias semanas en muchos tipos de alimentos congelados aunque la supervivencia será menor en productos que presenten un pH inferior al óptimo para el microorganismo (Comisión Internacional sobre Especificaciones Microbiológicas de los Alimentos, ICMSF, 1996a).

L. monocytogenes es capaz de crecer a temperaturas de refrigeración, normalmente 0-8°C. Sin embargo, el microorganismo sólo crece lentamente a estas temperaturas (Tabla 3.1). Por consiguiente, es importante operar y aplicar unos sistemas de mantenimiento y almacenamiento en refrigeración bien controlados, tanto para componentes o alimentos parcialmente procesados dentro del proceso de producción, como para el almacenamiento y distribución de los productos acabados.

L. monocytogenes no es un microorganismo muy termorresistente (Tabla 3.2) y un proceso de cocción controlado adecuadamente, conseguirá importantes reducciones en el número de microorganismos. Tras el tratamiento térmico, los alimentos deben mantenerse protegidos de una con-

Tabla 3.1 Guía de la velocidad de crecimiento de *L. monocytogenes* (adaptado de Mossel *et al.*, 1995).

Fase Lag					
Temperatura (°C)	0-1	2-3	5-6	7-8	9-10
Tiempo (días)	3-33	2-8	1-3	2	< 1,5
Tiempo de generación					
Temperatura (°C)	0-1	4-5	10-13		
Tiempo (h)	62-131	13-25	5-9		

Tabla 3.2 Guía de las combinaciones tiempo y temperatura necesarias para conseguir una reducción de *L. monocytogenes* de 10^6 (adaptado de Anon., 1997b).

Temperatura (°C)	*Tiempo*
60	45 min
65	10 min
70	2 min
75	30 s
80	5 s
85	1s

taminación post-procesado para minimizar el riesgo de que cualquier *L. monocytogenes,* presente en el ambiente de producción, recontamine el alimento.

pH, ACTIVIDAD DE AGUA Y OTROS FACTORES

Las prácticas de limpieza y el control de la temperatura (tratamiento térmico o refrigeración) son factores claves extrínsecos que pueden utilizarse para ayudar a controlar la carga contaminante y la propagación de *L. monocytogenes* en los alimentos. Hay otros factores físico-químicos aplicables en diferentes gamas de alimentos que pueden contribuir al control del crecimiento de *L. monocytogenes*. La Tabla 3.3 resume los principales parámetros limitantes de crecimiento de *L. monocytogenes* (temperatura, pH y actividad de agua).

Para productos en los cuales el pH alcanza valores no óptimos (normalmente ácidos) bien como resultado del proceso de elaboración, por

Tabla 3.3 Parámetros que limitan el crecimiento de *L. monocytogenes* (adaptado de la Comisión Internacional sobre Especificaciones Microbiológicas de los Alimentos, ICMSF, 1996a).

Parámetro	*Mínimo*	*Máximo*
Temperatura (°C)	–0,4	45
pH	4,39	9,4
Actividad de agua	0,92	–

ejemplo el queso o los productos cárnicos fermentados en los cuales se produce ácido láctico debido a la actividad metabólica de los cultivos iniciadores utilizados, o bien por la adición directa y mezcla con una sustancia ácida, por ejemplo un aliño que contenga aceite y vinagre (ácido acético), el pH contribuirá al control del crecimiento de la población bacteriana incluyendo a cualquier *Listeria* spp. que pueda estar presente.

Cuando se utilizan los ácidos orgánicos (acético, láctico, cítrico, propiónico, etc.) como conservantes en los alimentos, es importante asegurarse que la concentración correcta de la forma no disociada del ácido (que es la responsable de la actividad antimicrobiana) esté disponible para inhibir el crecimiento bacteriano. La proporción de ácido no disociado presente varía con el pH (Tabla 3.4), en consecuencia esto debe ser tenido en cuenta a la hora de determinar la cantidad total de ácido requerida a un determinado pH para dar lugar a una concentración concreta de la forma no disociada del ácido. A pH neutro, la mayoría de los ácidos orgánicos tienen un efecto limitado sobre el crecimiento de *L. monocytogenes*.

Los tratamientos térmicos aplicados a productos que presenten un pH inferior al óptimo para *L. monocytogenes* y/o contengan ácidos orgánicos como conservantes, se espera que sean más efectivos que el mismo tratamiento térmico aplicado a un producto que presente el pH óptimo para el microorganismo (Comisión Internacional sobre Especificaciones Microbiológicas de los Alimentos, ICMSF, 1996a).

La adición a un alimento de cloruro sódico, azúcares o/y otros solutos disminuye su actividad de agua. Cuanto mayor sea la concentración del soluto, menor será la actividad de agua del producto. Para alimentos en los cuales su actividad de agua se aproxima o es inferior a la mínima para el crecimiento de *L. monocytogenes,* éste puede prevenirse o minimizarse evitando que la actividad de agua del producto aumente durante la vida o

Tabla 3.4 Ejemplos del porcentaje total de ácido orgánico no disociado presente a diferentes valores de pH (adaptado de la Comisión Internacional sobre Especificaciones Microbiológicas de los Alimentos, ICMSF, 1980).

	Valor de pH			
Ácido orgánico	*4*	*5*	*6*	*7*
Ácido acético	84,5	34,9	5,1	0,54
Ácido cítrico	18,9	0,41	0,006	< 0,001
Ácido láctico	39,2	6,05	0,64	0,064

Tabla 3.5 Comentarios sobre la potencial aplicación de algunos parámetros adicionales para controlar a *L. monocytogenes*.

Parámetro	*Comentarios*	*Referencias*
Atmósferas modificadas	Alteraciones de la atmósfera en la cual se envasa el producto, por ejemplo envasado al vacío para crear anaerobiosis, aumentar el dióxido de carbono, no inhiben por completo el crecimiento de *L. monocytogenes* pero pueden alargar la fase lag y el tiempo de generación	Comisión Internacional sobre Especificaciones Microbiológicas de los Alimentos, 1996a, Anon., 1997c
Irradiación con rayos gamma	El microorganismo muestra una resistencia similar a las radiaciones gamma a la que presentan otras bacterias Gram-positivas y se requieren dosis > de 3 kG para eliminar a este microorganismo de productos cárnicos	Comisión Internacional sobre Especificaciones Microbiológicas de los Alimentos, ICMSF, 1996a
Nisina y otras bacteriocinas	La nisina y otras bacteriocinas producidas por bacterias acidolácticas están siendo exáminadas por su efecto inhibidor sobre *L. monocytogenes*. Los resultados obtenidos de los trabajos publicados hasta la fecha señalan la utilidad de las bacteriocinas para controlar el crecimiento de *L. monocytogenes* en los alimentos	Dean y Zottola, 1996
Nitrito sódico	El nitrito ejerce algún efecto inhibidor frente a *L. monocytogenes* aunque no previene su crecimiento a las concentraciones presentes en la mayoría de los productos cárnicos cocidos	Anon., 1997c

el uso del mismo, por ejemplo mezclándolo con otros alimentos de mayor actividad de agua o permitiendo que se forme condensación en el producto. El efecto bacteriostático ejercido por las bajas actividades de agua sobre *L. monocytogenes* se incrementa mediante el uso del almacenamiento en frío de los alimentos (Comisión Internacional sobre Especificaciones Microbiológicas de los Alimentos, ICMSF, 1996a).

La combinación de condiciones físico-químicas subóptimas, tales como pH, temperatura y actividad de agua tiene normalmente un efecto mayor que el que ejercen cualesquiera de los factores individuales utilizados al mismo nivel (Mossel *et al.*, 1995; Comisión Internacional sobre Especificaciones Microbiológicas de los Alimentos, ICMSF, 1996a).

La Tabla 3.5 recoge algunos factores físico-químicos adicionales utilizados en los procesos de la industria alimentaria y en sus productos y su aplicación potencial para controlar a *L. monocytogenes*. Todavía se está llevando a cabo una considerable cantidad de trabajo en todo el mundo para determinar los efectos de los de uso actual y de los nuevos procesos y prácticas de la industria alimentaria, incluyendo los efectos individuales y combinados de los sistemas físicos y químicos sobre el crecimiento y la supervivencia de *L. monocytogenes* en los alimentos. Frecuentemente se publican resultados provenientes de estos trabajos.

Es esencial cualquier información disponible para el productor o fabricante de alimentos, ya que una unidad de producción concreta debe disponer unos minuciosos conocimientos y comprensión de:

- el proceso utilizado actualmente para producir el producto
- los parámetros que controlan el crecimiento del microorganismo tanto en el procesado como en el producto acabado.

A partir de ese conocimiento debe asignarse un tiempo de conservación del producto y, si es necesario, limitarlo suficientemente para prevenir que cualquier *L. monocytogenes* que pueda estar presente en el producto final se multiplique hasta cantidades potencialmente dañinas antes del consumo.

4

Enfoque industrial: control de *Listeria monocytogenes*

INTRODUCCIÓN

Las evidencias acumuladas hasta la fecha demuestran claramente la necesidad de que la industria alimentaria utilice medidas que minimicen la potencial presencia, en los alimentos en el momento de ser consumidos, de *L. monocytogenes* en cantidades consideradas peligrosas para la salud. Muchos productos pueden presentar un riesgo potencial como causantes de brotes de listeriosis pero en la mayoría de los brotes se ha identificado un fallo en los sistemas de control que ha conducido a la aparición del brote. En estos casos, un análisis de riesgos y la implantación de controles en los puntos críticos identificados podría haber prevenido la aparición de los brotes, siempre que los sistemas de control estuviesen funcionando constantemente y de forma correcta. Es muy recomendable que todas las personas relacionadas con la producción primaria, el procesado y la venta del producto adopten los principios del análisis de riesgos para tener en cuenta a todos los patógenos relevantes, incluyendo a *L. monocytogenes*.

Para ayudar a centrar la atención sobre aquellos productos que suponen un mayor riesgo con respecto a *L. monocytogenes* y sobre las áreas que requieren un mayor control de la gestión, pueden realizarse unas series de preguntas para cada alimento/proceso alimentario. Las respuestas a estas preguntas clave para cada proceso y producto ayudarían a identificar el nivel de riesgo de que *L. monocytogenes* se encuentre presente (Tabla 4.1). A modo de guía, en la Tabla 4.2 se proporcionan como ejemplo, algunos productos familiares pertenecientes a diferentes grupos de alimentos.

Tras responder a cada una de la cuestiones que aparecen en la Tabla 4.1, el producto puede ser evaluado según los perfiles dados en la Tabla 4.3, para determinar el nivel de riesgo asociado con el producto. Habiendo realizado esto, se pueden determinar las áreas claves del proceso que requieren una mayor atención para el control del riesgo (Tabla 4.4).

Cada proceso y producto será diferente de aquellos que se presentan en las tablas y por consiguiente, éstas sólo deben de utilizarse a modo de guía; sólo puede lograrse una completa comprensión del riesgo y los controles mediante la aplicación de un análisis de riesgos completo. Además, es importante señalar, que cualquier producto y proceso que sean clasificados como de bajo riesgo en relación a *L. monocytogenes,* pueden ser capaces de originar brotes de listeriosis si los controles inherentes a la fabricación normal de estos productos no se aplican correctamente. De hecho, probablemente no exista un producto potencialmente más peligroso que el elaborado mediante un manejo autosuficiente del que cree que su producto es seguro debido a los precedentes históricos; los alimentos se convierten en seguros o inseguros para su consumo por la intervención del hombre.

Tabla 4.1 ¿Cuánto riesgo representa su producto?

Pregunta	*Sí*	*No*
¿Es esperable la presencia de *L. monocytogenes* en la materia prima?		
¿Será el microorganismo destruido o bien reducido hasta un nivel aceptable en alguna de las fases del procesado?		
¿Se expondrá al producto a alguna contaminación post-procesado?		
¿Permitirá el producto final el crecimiento de *L. monocytogenes,* si se encuentra presente?		
¿Presenta el producto un tiempo de conservación largo, por ejemplo > 7 días?		
¿El consumidor someterá al producto a un tratamiento que destruirá a *L. monocytogenes*?		

Tabla 4.2 Ejemplos de las fases claves del procesado en las cuales *L. monocytogenes* puede representar un riesgo en diferentes alimentos.*

Producto	*Ejemplo de productos*	*Contaminación de la materia prima*	*Proceso de reducción*	*Proceso de destrucción*	*Contaminación post-procesado*	*Producto que permite el crecimiento*	*Tiempo de conservación*	*Proceso listericida por parte del consumidor*
Productos lácteos								
Queso de pasta blanda madurado elaborado con leche cruda	Brie y Camembert elaborados con leche cruda	Sí	No	No	Sí	Sí	Sí	No
Quesos de pasta dura elaborados con leche cruda	Cheddar y Parmesano elaborados con leche cruda	Sí	Sí	No	Sí	No	Sí	No
Quesos de pasta blanda elaborados con leche pasterizada	Quesos Cottage plain y fromage frais	Sí	Sí	Sí	Sí	No	Sí	No
Quesos de pasta blanda madurados y quesos de pasta semi-dura elaborados con leche pasterizada	Brie, Camembert, Stilton	Sí	Sí	Sí	Sí	Sí	Sí	No
Quesos de pasta dura elaborados con leche pasterizada	Cheddar, Cheshire	Sí	Sí	Sí	Sí	No	Sí	No
Yogures	Yogur	Sí	Sí	Sí	No	No	Sí	No

Tabla 4.2 *(Continuación).*

Producto	*Ejemplo de productos*	*Contaminación de la materia prima*	*Proceso de reducción*	*Proceso de destrucción*	*Contaminación post-procesado*	*Producto que permite el crecimiento*	*Tiempo de conservación*	*Proceso listericida por parte del consumidor*
Productos cárnicos								
Carne y pollo crudos	Ternera, cordero, pollo	Sí	No	No	Sí	Sí	Sí	Sí
Productos cárnicos fermentados	Salami	Sí	Sí	No	Sí	No	Sí	No
Productos cárnicos cocidos (envasados herméticamente)	Jamón entero, patés (*Chub Pate*)	Sí	Sí	Sí	No	Sí	Sí	No
Productos cárnicos cocidos loncheados	Jamón, pollo, salchichas tipo Frankfurt, paté	Sí	Sí	Sí	Sí	Sí	Sí	No
Pescado y marisco								
Pescado/marisco crudos	Bacalao, mejillones	Sí	No	No	Sí	Sí	No	Sí
Pescado/marisco crudos, consumidos crudos	Ostras, Sushi	Sí	No	No	Sí	Sí	No	No
Pescado ahumado en frío, consumidos crudos	Salmón ahumado y trucha ahumada	Sí	No	No	Sí	Sí	Sí	No

Tabla 4.2 *(Continuación).*

Producto	*Ejemplo de productos*	*Contaminación de la materia prima*	*Proceso de reducción*	*Proceso de destrucción*	*Contaminación post-procesado*	*Producto que permite el crecimiento*	*Tiempo de conservación*	*Proceso listericida por parte del consumidor*
Pescado cocido, marisco cocido y paté de pescado	Gambas, cangrejo	Sí	Sí	Sí	Sí	Sí	No	No
Ensaladas y hortalizas								
Hortalizas crudas,	Patatas, brécol, judías, guisantes, col	Sí	No	No	Sí	Sí	No	Sí
Ensaladas crudas	Lechuga, cebolletas inglesas, «spring onions», apio	Sí	No	No	Sí	Sí	No	No
Ensaladas lavadas y preparadas (listas para tomar)	Ensaladas envasadas	Sí	Sí	No	Sí	Sí	No	No

Contaminación de la materia prima: ¿Es esperable la presencia de *L. monocytogenes* en la materia prima?
Proceso de reducción: ¿Será el microorganismo destruido o bien reducido hasta un nivel aceptable en alguna de las fases del procesado?
Contaminación post-procesado: ¿Se expondrá al producto a alguna contaminación post-procesado?
Producto que permite el crecimiento: ¿Permitirá el producto final el crecimiento de *L. monocytogenes,* si se encuentra presente?
Tiempo de conservación: ¿Presenta el producto un tiempo de conservación largo, por ejemplo > 7 días?
Proceso listericida por parte del consumidor: ¿Someterá el consumidor al producto a un tratamiento que destruirá a *L. monocytogenes*?

* La información se proporciona sólo a modo de guía y puede no ser adecuada para casos concretos. Se recomienda que se realice un análisis de riesgos adecuado para cada proceso y producto con el fin de identificar dónde se deben de implantar los controles con objeto de minimizar el riesgo provocado por *L. monocytogenes.*

Tabla 4.3 Categorías de riesgo.*

Nivel de riesgo	*Ejemplo de productos*	*Contaminación de la materia prima*	*Proceso de reducción*	*Proceso de destrucción*	*Contaminación post-procesado*	*Producto que permite el crecimiento*	*Tiempo de conservación*	*Proceso listericida por parte del consumidor*
Categoría 1: muy alto	Queso de pasta blanda madurado elaborado con leche cruda, salmón ahumado	Sí	No	No	Sí	Sí	Sí	No
Categoría 2: elevado	Productos cárnicos cocidos y loncheados, paté, queso de pasta blanda madurado elaborado con leche pasterizada	Sí	Sí	Sí	Sí	Sí	Sí	No
Categoría 3: medio	Salami	Sí	Sí	No	Sí	No	Sí	No
Categoría 3: medio	Ensaladas preparadas listas para tomar, salsas, sándwiches	Sí/No	Sí	No	Sí	Sí	No	No
Categoría 4: medio	Pescado cocido, gambas, cangrejos	Sí	Sí	Sí	Sí	Sí	No	No
Categoría 4: medio	Platos preparados y precocinados	Sí	Sí	Sí	Sí	Sí	Sí	Sí

Tabla 4.3 *(Continuación).*

Nivel de riesgo	*Ejemplo de productos*	*Contaminación de la materia prima*	*Proceso de reducción*	*Proceso de destrucción*	*Contaminación post-procesado*	*Producto que permite el crecimiento*	*Tiempo de conservación*	*Proceso listericida por parte del consumidor*
Categoría 5: bajo	Quesos de pasta dura elaborados con leche pasterizada	Sí	Sí	Sí	Sí	No	Sí	No
Categoría 6: bajo	Productos a base de paté cocidos en el envase	Sí	Sí	Sí	No	Sí	Sí	No

Alto riesgo: en los que *L. monocytogenes* puede estar presente debido a la contaminación de la materia prima o como una contaminación post-procesado y en los cuales el producto permite el crecimiento y el tiempo de conservación permitiría el desarrollo de altas cantidades.
Riesgo medio: en los que *L. monocytogenes* puede estar presente debido a la contaminación de la materia prima o como una contaminación post-procesado y en los que normalmente el microorganismo no puede crecer o no estaría presente en grandes cantidades debido a la restricción del tiempo de conservación, las condiciones del producto o del procesado o por la realización de un tratamiento listericida por parte del consumidor.
Bajo riesgo: en los que *L. monocytogenes* puede estar presente debido a la contaminación de la materia prima pero el proceso empleado destruye al microorgamismo y éste no puede recontaminar el producto.

* La información se proporciona sólo a modo de guía y puede no ser adecuada para casos concretos. Se recomienda que se realice un análisis de riesgos adecuado para cada proceso y producto con el fin de identificar dónde se deben de implantar los controles con objeto de minimizar el riesgo proveniente de *L. monocytogenes*.

Tabla 4.4 Fases en las cuales el control de *L. monocytogenes* es crítico (basándose en las categorías de riesgo).*

Categoría	*Ejemplo de productos*	*Control de la materia prima*	*Proceso de reducción*	*Proceso de destrucción*	*Contaminación post-procesado*	*Características del producto*	*Tiempo de conservación*	*Cuestiones del consumidor*
Categoría 1: muy elevado	Queso de pasta blanda madurado elaborado con leche cruda, salmón ahumado	Sí			Sí		Sí	Sí
Categoría 2: elevado	Productos cárnicos cocidos y loncheados, paté, queso de pasta blanda madurado elaborado con leche pasterizada			Sí	Sí	Sí	Sí	Sí
Categoría 3: medio	Salami	Sí	Sí		Sí	Sí		
Categoría 3: medio	Ensaladas preparadas listas para tomar, salsas, sándwiches	Sí	Sí		Sí		Sí	
Categoría 4: medio	Pescado cocido, gambas, cangrejos			Sí	Sí		Sí	
Categoría 4: medio	Platos preparados y precocinados			Sí	Sí	Sí	Sí	Sí

Tabla 4.4 *(Continuación).*

Categoría	*Ejemplo de productos*	*Control de la materia prima*	*Proceso de reducción*	*Proceso de destrucción*	*Contaminación post-procesado*	*Características del producto*	*Tiempo de conservación*	*Cuestiones del consumidor*
Categoría 5: bajo	Quesos de pasta dura elaborados con leche pasterizada	Sí	Sí	Sí	Sí	Sí		
Categoría 6: bajo	Productos a base de paté cocidos en el envase		Sí	Sí				

* La información se proporciona sólo a modo de guía y puede no ser adecuada para casos concretos. Se recomienda que se realice un análisis de riesgos adecuado para cada proceso y producto con el fin de identificar dónde se deben de implantar los controles con objeto de minimizar el riesgo proveniente de *L. monocytogenes*.

Los productos de mayor riesgo en relación a *L. monocytogenes* son aquellos en los cuales el microorganismo puede estar presente con una gran incidencia o en gran cantidad en la materia prima, en los cuales no exista un proceso que lo reduzca o elimine y además, permita el crecimiento en el producto acabado, siendo consumido éste sin ningún tratamiento posterior. Productos tales como los quesos de pasta blanda madurados por mohos elaborados con leche cruda, entran dentro de esta categoría y, de hecho, estos productos han sido en varias ocasiones la causa de listeriosis transmitida por los alimentos (ver Tabla 2.1). Otros productos incluidos dentro de esta categoría son los pescados ahumados en frío, como la trucha y el salmón ahumado, en los cuales el pescado crudo es procesado mediante un ahumado a temperaturas intermedias que oscilan entre los 20 y 30°C. Sin embargo, es interesante señalar que hasta la fecha no se ha implicado directamente a estos productos en brotes de listeriosis, lo cual es particularmente sorprendente teniendo en cuenta el hecho de que *Listeria* spp. puede frecuentemente estar presente en la materia prima y que es posible su crecimiento durante el tiempo de conservación del producto.

QUESO DE PASTA BLANDA MADURADO POR MOHOS ELABORADO CON LECHE CRUDA

Descripción del proceso

Los quesos de pasta blanda madurados por mohos y elaborados con leche cruda están incluidos entre los productos de mayor peligro en relación al riesgo asociado con *L. monocytogenes*. Muchos de los quesos elaborados a partir de leche cruda se fabrican en pequeñas granjas y casi todos los procesos se basan en prácticas tradicionales realizadas durante muchos años. Aunque los equipamientos modernos para la fabricación de queso a gran escala han llegado a ser más sofisticados, el proceso fundamental (Fig. 4.1) y la técnica asociada a la elaboración de quesos han permanecido inalterables durante siglos y la mayor parte de los fabricantes de quesos lo consideran como un arte.

El queso de pasta blanda madurado por mohos y elaborado con leche cruda se fabrica utilizando leche cruda procedente de distintas variedades de animales, dependiendo del tipo de queso. Probablemente los quesos de este tipo más vendidos son el Camembert y el Brie, que tradicionalmente se elaboraban a partir de leche de vaca, mientras que para el más famoso queso francés elaborado con leche cruda, el Roquefort, se utiliza leche de oveja.

Fase del proceso	Consideración
Animal productor de leche ↓	Salud Limpieza
Ordeño ↓	Higiene en el equipo de ordeño
Almacenamiento en la granja ↓	Higiene Temperatura Tiempo
Transporte y reparto de la leche ↓	Higiene Temperatura Tiempo
Almacenamiento de la leche en el lugar de fabricación del queso ↓	Higiene Temperatura Tiempo
Cubas queseras ↓	Higiene del equipo y del personal
Adición del cultivo iniciador ↓	Actividad del cultivo iniciador Temperatura Tiempo
Adición del cuajo y mezcla ↓	Higiene Control del cuajo
Cortado de la cuajada ↓	Higiene del equipo y del personal
Eliminación del suero ↓	
Formación del queso ↓	Higiene
Adición del moho (sino se ha añadido junto con el iniciador) ↓	Seguimiento del cultivo
Maduración ↓	Higiene Temperatura
Cortado/troceado/envasado, si procediese ↓	Higiene
Distribución para venta, almacenamiento, troceado, si procediese ↓	Higiene Temperatura Tiempo: tiempo de conservación
Consumidor	Recomendaciones

Figura 4.1 Diagrama de flujo del proceso y consideraciones técnicas para un típico queso de pasta blanda madurado por mohos y elaborado a partir de leche cruda.

La leche cruda se almacena en las granjas en tanques de leche y se mantiene refrigerada hasta su recogida, usualmente en intervalos de 24-48 horas. Normalmente, a su llegada a la planta de fabricación de queso, la leche se bombea a un silo en el cual se almacena a < 5°C hasta que sea necesario su uso. Entonces, se calienta hasta una temperatura apropiada para los cultivos iniciadores, que se añaden según se van llenando los tanques de fermentación o cubas queseras con la leche. Ahora sigue un proceso estándar en la fabricación de queso que incluye la coagulación de las proteínas de la leche mediante el uso de la renina o cuajo, el corte de la cuajada, la separación del suero y la colocación de los quesos en moldes, los cuales varían en tamaño y anchura en función del tipo de queso que se vaya a elaborar. El queso fresco se deja a temperatura ambiente algo más de un día para prolongar la actividad del cultivo iniciador y eliminar el suero. Entonces se saca al queso del molde y se le somete al salado mediante la inmersión en una disolución de salmuera, o bien frotando su superficie con sal seca. Tras esta operación, se lleva al queso a una cámara de maduración o bodega en la que la temperatura oscila, aunque normalmente se encuentra entre 8 y 12°C. Durante las varias semanas que dura la maduración, las esporas fúngicas que se han aplicado sobre la superficie de quesos como el Camembert o el Brie o que han sido introducidas en el interior del queso junto con el cultivo iniciador, o mediante inoculación con alambres, como ocurre en algunas variedades de quesos azules veteados, empiezan a crecer y a producir las características capas blancas de moho o hebras azules en los respectivos quesos. Al crecer el hongo, el pH aumenta desde valores de aproximadamente 5 hasta 6-7,0. El pH puede variar considerablemente en las distintas partes del queso, siendo mayor cuanto más cercano a la zona de crecimiento del moho y más bajo hacia el centro. Al mismo tiempo, la actividad proteolítica produce un ablandamiento del queso y es, en esta fase, en la que el producto es más susceptible al crecimiento de microorganismos contaminantes, incluyendo a *L. monocytogenes*. Las condiciones de temperatura (8-12°C) durante la maduración, el aumento del pH (6-7,0) y el mayor contenido en humedad de estos quesos de pasta blanda (45-55%) los convierten en especialmente vulnerables al crecimiento de bacterias psicrótrofas patógenas como *L. monocytogenes*.

Cuestiones relacionadas con la materia prima y su control

L. monocytogenes, además de ser un patógeno para el hombre, puede producir graves infecciones en los animales, normalmente en rumiantes, como ovejas, cabras y vacas. La infección puede tener como resultado el aborto, el nacimiento de crías muertas o la muerte neonatal, si tiene lugar en el útero preñado, alternativamente puede ocasionar infecciones septicémicas o encefalitis (Prentice, 1994). La encefalitis normalmente se manifiesta con una parálisis facial y un caminar en círculos (torneo), lo que ha conducido a describir la enfermedad en la oveja como la «la enfermedad de los círculos» (Gitter, 1989). La listeriosis en los animales puede aparecer por la exposición a *L. monocytogenes* presente en el medioambiente, aunque también se ha implicado a la alimentación con ensilados contaminados, como una fuente potencial del microorganismo como resultado de un desarrollo insuficiente de la acidez durante su elaboración (Grant *et al.,* 1995; Fenlon, 1996).

Frecuentemente puede aislarse a *L. monocytogenes* a partir de las heces de rumiantes y se piensa que la contaminación de las ubres por heces probablemente sea la principal vía por la que el microorganismo llega a la leche cruda. *L. monocytogenes* es un contaminante común de la leche cruda pudiendo proceder también del equipo de ordeño y de los tanques para su almacenamiento posterior. Algunos trabajos han mostrado que la contaminación de la leche cruda con *L. monocytogenes* se debió a su presencia directa en la leche a partir de una infección mastítica en la ubre, pero se cree que esto tan sólo sucede en raras ocasiones (Prentice, 1994). Varios autores han estudiado la incidencia de *L. monocytogenes* en la leche cruda, encontrándola en proporciones que iban desde < 1% a más del 20% de las muestras (Prentice, 1994). La leche cruda utilizada para fabricar quesos se almacena normalmente en los silos de leche y se utiliza en un periodo de tiempo de entre 1 a 2 días tras el ordeño. La calidad bacteriológica de la leche cruda es un factor crítico para minimizar el riesgo de brotes de intoxicaciones alimentarias a partir de estos tipos de quesos. Aparte de los raros casos de presencia directa en la leche de *L. monocytogenes,* es poco probable que los niveles de *L. monocytogenes* provenientes del animal productor de leche en esta fase sean lo suficientemente elevados como para causar listeriosis; hecho éste que se refleja en la falta de informes sobre brotes de listeriosis debidos al consumo de leche cruda. Es más probable que un mal control en las fases posteriores del proceso de elaboración, que permitan el crecimiento de *L. monocytogenes* hasta niveles elevados, sea el principal factor contribuyente a la aparición de brotes de listeriosis causadas por este tipo de productos.

Unas buenas normas higiénicas en la sala de ordeño son esenciales para minimizar la contaminación de la leche cruda durante el ordeño y también son necesarias para prevenir el asentamiento de la contaminación en los equipos de almacenamiento o transporte. Debido a la probabilidad, incluso con una baja incidencia y un bajo nivel de contaminación, de la leche cruda con *L. monocytogenes* inevitablemente se contaminará el equipo de procesado. Una limpieza inadecuada del equipo de ordeño y los tanques de almacenamiento en la granja, de los vehículos de transporte utilizados para llevar la leche a la planta quesera y de los silos utilizados en la quesería misma supone un riesgo potencial para los siguientes lotes de producto.

Los pequeños fabricantes artesanos tienen la facilidad de que ejercen un control directo sobre la calidad y las prácticas higiénicas desde el ordeño hasta el producto final ya que normalmente utilizan la leche proveniente de su propia granja. Esto también reduce cualquier riesgo derivado del transporte de la leche y permite el uso de una leche más fresca que no ha sufrido un tiempo de almacenamiento excesivo.

Para los grandes fabricantes de quesos de pasta blanda elaborados con leche cruda, la leche a menudo es suministrada por cooperativas ganaderas y se recibe normalmente como leche a granel proveniente de varias granjas. A menudo el fabricante confía la calidad de la leche en la fase más importante del procesado a terceras partes y es esencial que las granjas que suministran al fabricante estén advertidas de que la leche se utiliza para fabricar quesos a partir de leche cruda y conozcan la importancia y la necesidad de prestar una atención minuciosa a unas buenas prácticas higiénicas. En algunos casos el plan de pago incentivado de la leche funciona en base a los tests para indicadores de contaminación fecal, tales como *Escherichia coli,* que se utilizan de forma rutinaria en el control de la calidad de la leche.

Los camiones cisterna utilizados para transportar la leche desde la granja al fabricante son en sí mismos, una fuente potencial de contaminación. Es absolutamente esencial prestar atención a la eficacia de la higiene y limpieza de los camiones cisterna que transportan la leche a granel para mantener un suministro de leche cruda en el cual la contaminación con *L. monocytogenes* sea mínima. Mientras a menudo se limpian los camiones cisterna eficazmente, debe prestarse especial atención a aquellas zonas tales como tapas y juntas de estanqueidad, llaves de paso de entrada y salida de la leche, vasos para la eliminación del aire y las mangueras flexibles utilizadas para conectar la cisterna a la zona de entrada de la leche en el lugar de elaboración. Los silos para la leche deben estar diseñados para prevenir la posibilidad de que existan «puntos muertos» en los cuales pueda permanecer retenida la leche, por ejemplo giros hacia arriba en las tuberías, puntos de toma de muestras superfluos o válvulas inaccesibles para su limpieza. Esto es aplicable del mismo modo al resto del equipamiento de la quesería utilizado para la fabricación, como los tubos de procesado, los tanques en la cámara de fermentación u otras etapas posteriores en el procesado y equipos más pequeños que incluyen las cortadoras de la cuajada, cucharones, soportes y mesas. Es importante el seguimiento de la eficacia de la limpieza mediante inspección visual, mediante el uso de tests de higiene específicos para el control de muestras del agua de lavado mediante la determinación de indicadores de contaminación como coliformes o mediante el uso de sistemas de ensayo alternativos como la bioluminiscencia del ATP para determinar los restos biológicos totales en una superficie tras su limpieza.

Cuestiones relacionadas con el procesado y su control

Es particularmente importante que los cultivos iniciadores bacterianos fermenten la leche cruda activamente, ya que los patógenos presentes son igualmente capaces de crecer durante el proceso de fermentación, la cual se realiza a unos 30°C aproximadamente. El desarrollo rápido de la acidez producido por los cultivos iniciadores es el que inhibe el crecimiento de los patógenos y por ello el seguimiento del desarrollo de la acidez en el queso es un punto de control (crítico) extremadamente importante.

El pH del queso fresco desciende normalmente por debajo de 5,0 en los primeros días del proceso siendo esto suficiente para prevenir un crecimiento importante de *L. monocytogenes*. Aunque se ha reconocido a la leche cruda como una fuente importante de *L. monocytogenes,* es importante recordar que estos quesos son altamente susceptibles a la contaminación ambiental durante su elaboración, especialmente durante la maduración del queso. Los quesos sufren una manipulación intensa y se almacenan durante largos periodos sin cubrirse; en consecuencia están expuestos a un riesgo importante de que se contaminen a partir del medio ambiente. La higiene es particularmente difícil de mantener en muchos de los tradicionales y viejos ambientes en los que se maduran los quesos, debido a una mala construcción de las cámaras y de los estantes, que imposibilita la limpieza y el saneamiento. Algunos productos, como el Roquefort, todavía se maduran en cuevas donde el riesgo de contaminación puede ser importante. En esta fase del proceso el producto es más propenso a la contaminación y, debido al incremento del pH producido por el crecimiento fúngico característico del producto, las condiciones son favorables para el crecimiento de *L. monocytogenes*. Un plan de limpieza efectivo es absolutamente crítico en estas zonas y es esencial que los productos de limpieza, los procedimientos y la frecuencia de la limpieza sean suficientes para eliminar los restos del producto y descontaminar las superficies a intervalos regulares. Debe de prestarse especial atención a todas las zonas que entren en contacto directo con el producto, por ejemplo los estantes, o bien indirectamente como los calentadores/refrigeradores de aire forzado. Además, cualquier práctica que pueda contribuir a una contaminación cruzada, como el salado o el volteo o girado de los quesos, debe de ser identificada y ponerse en marcha los procedimientos adecuados que garanticen el estándar de higiene más elevado.

La higiene ambiental debe de ser controlada mediante el uso de pruebas específicas para detectar *Listeria* spp. y de pruebas que evalúen el estado higiénico global de las superficies, como la bioluminiscencia del ATP.

El diseño del procesado es extremadamente importante y el flujo del proceso de producción debe de ser tal que la leche cruda no pueda entrar en contacto con el producto acabado (Fig. 4.1). La separación de los lotes de queso en diferentes cámaras de maduración permite una realización más fácil de los planes de limpieza y dificulta la posibilidad de expansión, por los aerosoles creados durante la limpieza, de cualquier contaminación que haya tenido lugar en otros productos presentes en el mismo ambiente. Además, esa separación permitirá que las cámaras se vacíen individualmente para su limpieza.

En términos de supervivencia de *L. monocytogenes* durante el proceso de elaboración, la acidez y el bajo pH que se alcanza en el queso fresco puede tener algún efecto inhibidor aunque es probable que sólo prevenga un crecimiento importante, en lugar de causar la muerte al microorganismo. De hecho, la información publicada indica que los niveles de *L. monocytogenes* permanecen constantes o sólo aumentan ligeramente durante la fermentación y la fase temprana de la maduración del queso Cheddar (Ryser y Marth, 1987a) mientras aumentan de 5 a 10 veces en las primeras 24 horas de elaboración del queso Camembert (Ryser y Marth, 1987b).

El riesgo que *L. monocytogenes* supone para los quesos de pasta blanda madurados por mohos y elaborados a partir de leche cruda como un contaminante ambiental durante el procesado y la maduración, no es en realidad mayor que el que supone para muchos otros quesos de pasta blanda madurados por mohos y elaborados a partir de leche pasterizada. Esto se debe a que cualquier microorganismo que se introduzca en estas fases encuentra unas condiciones favorables para su crecimiento durante lo que resta del proceso y a lo largo de la vida del producto acabado.

Cuestiones relacionadas con el producto acabado y su control

Una vez el pH ha aumentado en los quesos madurados por mohos, el crecimiento de cualquier *L. monocytogenes* contaminante puede ser importante. En queso Camembert inoculado con *L. monocytogenes*, los niveles crecieron en 4-5 ciclos logarítmicos durante un periodo de maduración de 65 días (Ryser y Marth, 1987b); este incremento fue paralelo al del pH del producto en esta fase. Las predicciones de crecimiento obtenidas utilizando el programa informático Food MicroModel (Anon., 1997c) para los parámetros encontrados en un queso Brie o Camembert típicos con un pH de 6,5, una concentración de sal de 1,5% y almacenado a 5°C, indican que un nivel de contaminación inicial de 1 célula de *L. monocytogenes* por gramo podría incrementarse a más de 1.000 por gramo en 10 días.

Una fase adicional en el proceso de producción que proporciona la posibilidad de contaminación del producto final son las operaciones de troceado y envasado (Fig. 4.1). La limpieza efectiva de la cortadora es esencial para prevenir la contaminación cruzada a partir de la máquina y un queso a los otros del lote. Es esencial, una limpieza frecuente durante la producción y una limpieza a fondo completa y diaria, incluyendo el desmontaje del equipo, prestando especial atención a la cuchilla, las superficies en contacto con el alimento y al lugar donde se aloja la cuchilla. Está claro que la prevención de la contaminación en estas fases finales del proceso de producción es de gran importancia para la seguridad del producto.

El elevado interés de controlar el riesgo que *L. monocytogenes* supone para todos los tipos de quesos de pasta blanda madurados por mohos ha conducido a una importante reducción de la incidencia del microorganismo en estos tipos de quesos. Una reciente investigación llevada a cabo sobre quesos de pasta blanda elaborados con leche cruda en el Reino Unido (Nichols *et al.*, 1996) encontró que en 4 de 72 muestras había presencia de *Listeria* spp. en 25 gramos, existiendo sólo una muestra con cantidades de 10^3-10^4 por gramo. Sólo una de 72 muestras contenía *L. monocytogenes*, que estaba presente en 25 gramos del producto pero a niveles < 10 por gramo. Un estudio sobre la incidencia de *L. monocytogenes* en quesos de pasta blanda (incluyendo las variedades pasterizadas) comercializados en Inglaterra y Gales, muestra una importante reducción desde 1987 (Tabla 4.5) aunque un trabajo llevado a cabo en Suecia entre 1989 y 1993 mostró que un 42% de las muestras de queso elaborado con leche cruda analizadas (todos importados de Francia) estaban contaminados con *L. monocytogenes* (Loncaveric *et al.*, 1995).

Tabla 4.5 Incidencia de *L. monocytogenes* en quesos de pasta blanda en Inglaterra y Gales (adaptado de Gilbert, 1996).

Año	*Número de muestras*	*L. monocytogenes (%)*
1987	222	23 (10,4)
1988-89	1.135	67 (5,9)
1989-90	131	0 (0)
1991-92	251	10 (4,0)
1995	1.437	16 (1,1)

Resulta evidente que el proceso de elaboración de los quesos de pasta blanda madurados por mohos a partir de leche cruda presentan muchos riesgos inherentes asociados a él mismo, probablemente siendo el mayor la leche cruda en sí misma. El control de la calidad bacteriológica de la leche cruda puede reducir la incidencia de *L. monocytogenes* pero es poco probable que se elimine por completo, así que el control de todos los pasos posteriores es crítico para minimizar este riesgo.

Desafortunadamente, una vez se encuentra presente existen de forma clara muchas oportunidades para que *L. monocytogenes* sobreviva durante el proceso de elaboración del queso e incluso crezca en el producto y muchos fabricantes recurren a una gran cantidad de pruebas en línea y del producto final para obtener una mayor seguridad de que *L. monocytogenes* está bajo control. Como no es posible garantizar la seguridad de cualquier producto a través del análisis microbiológico, siempre existirá un riesgo residual de que este tipo de productos puedan suponer un peligro para el consumidor. Sin embargo, mediante una atención rigurosa a las prácticas higiénicas desde la granja y en todas las fases subsiguientes y apoyándose en el análisis microbiológico, puede reducirse de manera significativa el peligro que supone *L. monocytogenes*. Para acabar, resulta de extrema importancia para los pequeños artesanos la elaboración de documentos que actúen a modo de guía para la elaboración segura de estos productos, ya que éstos frecuentemente no disponen del soporte técnico de mayores explotaciones (Anon., 1997d).

El riesgo residual de la presencia y crecimiento de *L. monocytogenes* en los quesos de pasta blanda madurados por mohos elaborados a partir de leche cruda es el que ha conducido a la recomendación, dada por los departamentos nacionales de salud de diferentes países, referente a los riesgos para la salud que presenta el consumo de este tipo de queso para ciertos grupos vulnerables de la población (Departamento de Salud, 1996; Shank *et al.*, 1996). En el Reino Unido, esta recomendación se aplica todavía hoy y se asocia tanto a los elaborados con leche cruda como a los de pasta blanda madurados y elaborados con leche pasterizada, debido a la posibilidad de contaminación de estos últimos por *L. monocytogenes* durante la fase de maduración que posteriormente podría multiplicarse hasta niveles preocupantes para la salud pública (Departamento de Salud, 1996).

PESCADOS AHUMADOS EN FRÍO

Descripción del proceso

Los productos derivados del pescado ahumado en frío, aunque se encuentran entre los productos de mayor peligro de que *L. monocytogenes* se halle presente, basándonos en consideraciones relativas al análisis de riesgos, presentan un historial excelente de seguridad alimentaria con pocos brotes, si existe alguno, que involucren a este microorganismo con esos productos tradicionales.

El proceso de elaboración de pescado ahumado en frío (Fig. 4.2) como el utilizado en la elaboración de truchas y salmón ahumados comienza con la preparación del pescado crudo. El pescado utilizado para estos fines normalmente se cría y sacrifica en el mismo lugar. El pescado es transportado en hielo a las plantas de elaboración donde se evisceran, son fileteados y se preparan en dos caras para el salado. Normalmente la sal se aplica en seco directamente sobre la superficie de los filetes que todavía conservan la piel, aunque algunos fabricantes pueden mantener los filetes en una salmuera o incluso inyectarla. Posteriormente el pescado es almacenado a < 5°C durante varios días para permitir el equilibrio de la sal con el mismo y lograr una distribución homogénea de la sal hasta alcanzar un nivel por encima del 3,5%. Entonces el pescado se coloca en la cámara de ahumado durante varias horas en las que se produce humo utilizando astillas de madera o serrín y la temperatura se mantiene entre 25-30°C. Tras el proceso de ahumado, el pescado es refrigerado hasta 0-5°C antes de ser envasado como caras o mitades enteras o bien ser cortado a finas lonchas de forma manual mediante cuchillos o fileteadoras, aunque ahora existen algunas fileteradoras automatizadas que se utilizan para productos de mayor elaboración. Las mitades o filetes normalmente son envasados a vacío y distribuidos con un tiempo de conservación de 3-4 semanas o algo mayor a temperaturas de refrigeración (< 5°C). En algunos países es una práctica común el distribuir estos productos en venta por correo y a menudo son enviados mediante los sistemas postales en

Etapa del proceso	Consideración
Cultivo del pez ↓	Sanidad Limpieza
Sacrificio/eviscerado, fileteado ↓	Higiene Temperatura
Almacenamiento ↓	Higiene Temperatura Tiempo
Acondicionado/troceado por la mitad ↓	Higiene Temperatura Tiempo
Salado ↓	Distribución de la sal Higiene
Almacenamiento ↓	Higiene Temperatura Tiempo
Ahumado ↓	Higiene Temperatura Tiempo Tipo de humo
Almacenamiento ↓	Higiene Temperatura Tiempo
Fileteado ↓	Higiene Tiempo
Envasado ↓	Higiene Tiempo
Distribución ↓	Temperatura
Venta al por menor ↓	Higiene Temperatura Tiempo de conservación
Consumidor	Recomendaciones

Figura 4.2 Diagrama de flujo y consideraciones técnicas del proceso de elaboración normal de un pescado ahumado en frío listo para comer.

paquetes con aislamiento o bien en paquetes refrigerados que suelen enviarse durante la noche.

Cuestiones relacionadas con la materia prima y su control

Las especies del género *Listeria* no parecen ser causa de infecciones en los peces y no tienen en éstos a un revervorio natural. Sin embargo, varios estudios han mostrado que se encuentran en sedimentos de ríos y en las aguas, tanto dulces como marinas, por lo que pueden hallarse en el pescado como un contaminante proveniente del medio acuático (Ben Embarek, 1994).

Son pocos los trabajos publicados a cerca de las especies de *Listeria* en las piscifactorías de salmón y no se ha establecido ninguna incidencia del microorganismo en el producto o en muestras ambientales (Ben Embarek *et al.,* 1997). Sin embargo, los resultados sólo reflejan las condiciones del lugar específico donde se haya realizado el estudio. Trabajos sin publicar sobre el salmón crudo recibido en el lugar de procesado llevado a cabo por fabricantes de salmón ahumado revelan la existencia de una contaminación intermitente en la materia prima cruda por especies del género *Listeria,* incluyendo a *L. monocytogenes,* que cuando se presenta, tiene una baja incidencia (< 5%) con cantidades en todos los casos de < 10 por gramo. Por consiguiente, mientras la presencia de *L. monocytogenes* pueda ser relativamente poco frecuente en el pescado proveniente de piscifactorias consumido como tal, incuestionablemente está presente ocasionalmente en la materia prima y constituye una fuente de contaminación cruzada para el procesado posterior.

En la mayoría de las plantas de ahumado el pescado llega ya eviscerado y existe una posibilidad importante de contaminación cruzada con especies del género *Listeria* durante esta etapa de la elaboración. Como no existe ninguna etapa posterior en el procesado que sea capaz de destruir a *L. monocytogenes,* unas malas prácticas de elaboración o ambientales permitirían que *Listeria* se multiplicase y que permaneciese en el pescado durante las siguientes fases. Por ello, ha de prestarse mucha atención a la higiene del proceso en la etapa de evisceración.

Probablemente los principales contribuyentes a la contaminación acumulada y a la contaminación cruzada sean el personal que trabaja en la zona y los utensilios y las cintas transportadoras utilizadas. El pescado se eviscera de forma manual y posteriormente se lava. Una limpieza y desinfección regulares de los cuchillos y las mesas de evisceración son críticas en la prevención de la contaminación cruzada. En la mayoría de las plantas de fabricación se hace un uso importante de cintas transportadoras para mover el pescado durante su elaboración y como éstas suponen una superficie común de contacto con el producto, es esencial que se mantengan en un buen estado de limpieza. Deben de aclararse durante cada tanda y limpiarse y descontaminarse cuidadosamente después de cada tanda. Los exudados y escamas procedentes de la piel del pescado pueden ser extremadamente difíciles de eliminar y es necesario que los productos químicos de limpieza utilizados sean capaces de conseguir una limpieza efectiva de manera palpable. Si no se controla adecuadamente, esta fase del proceso tiene potencial para contaminar a gran número de peces. Eklund *et al.* (1995) mostraron que *L. monocytogenes* es un contaminante común del salmón crudo y eviscerado con el que se abastece a los fabricantes de salmón ahumado, hallando el microorganismo en 4/19 muestras de exudados, 30/46 de piel, 8/17 de cabezas, 6/9 de colas y en 1/15 de la cavidad abdominal y en trozos de aletas ventrales.

El pescado es transportado en hielo a la fábrica principal de elaboración. Es manipulado para eliminar la cabeza y posteriormente es fileteado, si no se había realizado ya este paso. Entonces se colocan en cubetas y se salan. En esta fase los productos son manipulados de forma laboriosa en superficies comunes con utensilios comunes y los lavados regulares son todavía la clave para controlar a los microorganismos y prevenir su desarrollo.

Es inevitable que las especies del género *Listeria,* incluyendo a *L. monocytogenes,* contaminen las superficies en las fábricas de procesado de pescado y el esfuerzo principal para controlar a estos microorganismos debe de centrarse en dos áreas: primero, en prevenir su asentamiento durante el procesado mediante limpiezas regulares durante la elaboración y la desinfección de utensilios tales como cuchillos y fileteadoras; en segundo lugar, interrumpiendo cualquier ciclo de contaminación al final del día mediante la realización de una limpieza completa. Si ésta no resulta efectiva en la eliminación de las especies del género *Listeria,* tendría que realizarse otro esfuerzo posterior para poder controlarlo durante la producción. En los procesos en los cuales no hay etapas que destruyan a *Listeria,* la interrupción del ciclo de contaminación y la prevención del asentamiento de grandes cantidades son los factores claves que contribuyen a la seguridad de estos productos.

Tras la etapa del salazonado, el producto se ahuma en frío en una cámara durante varias horas a 25-30°C, aunque en algunos procesos se llevan a cabo ahumados a temperaturas más bajas (20°C) durante periodos de tiempo más prolongados (18-20 h). Hay un gran debate sobre el efecto de esta etapa sobre las especies del género *Listeria* con la existencia de algunos trabajos que señalan que el humo puede de hecho, tener un efecto antilisteria. Ciertamente, el periodo de ahumado es crítico para el producto ya que, en teoría, cualquier especie de *Listeria* que estuviese presente podría crecer en varios órdenes de magnitud a esas temperaturas y durante el periodo de tiempo del proceso. Sin embargo, parece que las especies de *Listeria* sobreviven al proceso de ahumado en frío y, aunque importante, es poco probable que esta fase contribuya a la incidencia de la contaminación por *Listeria* pero podría permitir que las cantidades de *Listeria* presente aumentasen. Eklund *et al.* (1995) compararon el crecimiento y la supervivencia de *L. monocytogenes* tanto inoculada en la superficie como inyectada en la carne de salmón en salmuera utilizando dos condiciones de ahumado: 17,2-21,1°C y 22,2-30,6°C ambos durante 18 horas. Las cantidades del microorganismo en la superficie del pescado permanecieron prácticamente constantes cuando no se aplicó humo en ambas temperaturas pero disminuyó ligeramente en el ahumado a 22,2-30,6°C y unas 10-25 veces en el de 17,2-21,1°C. Cuando se inyectó a la carne, *L. monocytogenes* aumentó entre 2-6 veces a 17,2-21,1°C y 100 veces a 22,2-30,6°C, pese a la presencia de humo. Es importante para los fabricantes de pescado ahumado aumentar su conocimiento sobre el efecto de sus procesos de ahumado en concreto sobre el crecimiento y la supervivencia de *L. monocytogenes* ya que cualquier cambio en el tipo de humo o en las condiciones de tiempo y temperatura aplicadas podría comprometer la seguridad del producto durante esta etapa. Un análisis de riesgos identificaría indudablemente a esta etapa como un punto de control crítico.

Tras el proceso de ahumado, el producto vuelve al almacenamiento refrigerado donde se enfrían a 0-5°C previamente a su fileteado y envasado.

Cuestiones relacionadas con el procesado y su control

Posiblemente, la oportunidad más importante para que tenga lugar una contaminación bacteriana adicional o un aumento en la carga contaminante en los pescados ahumados se encuentre en la última etapa, tras el ahumado. Una vez ahumados, los filetes refrigerados son cortados con cuchillos, o más comúnmente, con cortadoras de hojas giratorias accionadas manualmente. La posibilidad de una contaminación cruzada durante esta etapa es extremadamente alta. Se utilizan las mismas cintas transportadoras, las mismas mesas, las mismas manos, los mismos cuchillos y las mismas cortadoras que se usan para cortar el pescado crudo en filetes finos. En esta etapa es fundamental una máxima atención y resulta esencial una limpieza a fondo y regular. Las causas de problemas habituales son, a menudo, las de más fácil resolución, tales como una limpieza inadecuada de las cintas transportadoras, los restos acumulados en áreas de difícil accesibilidad, una mala desinfección de los cuchillos y una eliminación inadecuada de los restos de las mesas y las cuchillas.

L. monocytogenes es difícil de eliminar por completo pero sin la retirada de los restos de producto visibles, puede llegar a asentarse como un contaminante de importancia. En el ambiente de la elaboración de pescado ahumado en frío, este tipo de restos de producto proveniente de trozos pequeños de pescado pueden ser de difícil limpieza y es recomendable un asesoramiento por parte de un especialista de una empresa química especializada en este área.

Las prácticas de trabajo del personal necesitan ser planificadas cuidadosamente para permitir la realización de tareas de limpieza y desinfección regulares en las superficies y utensilios para ayudar a romper cualquier cadena de contaminación cruzada y para prevenir el asentamiento de elevados niveles de contaminantes bacterianos. Como el pescado ahumado permanece con la piel hasta el fileteado, es recomendable la colocación, en todo momento, del filete con el lado de la piel hacia abajo cuando se maneja el producto en contacto con superficies, ya que esta proporciona una capa de protección. Muchos fabricantes de pescado ahumado utilizan equipos automatizados de troceado y fileteado del pescado para un procesado posterior del pescado. Como estas máquinas a menudo son complejas, pueden aparecer muchas áreas que habiliten la posibilidad de que queden restos de productos en las cuchillas de las cortadoras, en las cintas transportadoras o en la misma área de fileteado o troceado. Debe de prestarse atención para identificar estas áreas que son difíciles de limpiar eficazmente en este tipo de maquinarias. Por ello las «zonas muertas» deben de priorizarse para ser sometidas a regímenes específicos de limpieza. Estas zonas deben desmontarse de forma regular (normalmente a diario) para su limpieza y su inspección visual tras este proceso. Sin este tipo de acciones, es inevitable que se desarrollen focos de contaminación que crezcan de forma gradual hasta que aparezcan los problemas.

Cuestiones relacionadas con el producto final y su control

El salmón y la trucha ahumados tienen un pH por encima de 6,0 y son salazonados para que alcancen un contenido en sal del 3,5%, sin tener en cuenta el posible efecto antilisteria del humo, resulta evidente que podría tener lugar un crecimiento importante de *L. monocytogenes* si esta se hallase presente en el producto final, dado que a este tipo de productos se le da un tiempo de vida media de 3-4 semanas. Las predicciones de crecimiento de *L. monocytogenes* calculadas utilizando el Food MicroModel (Anon., 1997c) sugieren que las cantidades de este microorganismo podrían incrementarse en 3 órdenes de magnitud tras 13 días a 5°C en un producto con un pH de 6,2 y un contenido en sal del 3,5%. Sin embargo, los datos publicados indican que es probable que el crecimiento sea más lento, posiblemente debido a los efectos combinados del humo, la sal, la temperatura y las condiciones anaeróbicas (envasado al vacío). Hudson y Mott (1993) obtuvieron crecimientos de tres órdenes de magnitud de *L. monocytogenes* a 5°C en aproximadamente 20 días, aunque se alcanzaron los mismos niveles tras 4 días a 10°C.

Los estudios sobre pescado ahumado revelan una incidencia frecuente de *L. monocytogenes* en productos al por menor, pero raramente indican la presencia de altas cantidades del microorganismo, aportando más evidencias de que la combinación de factores podrían proporcionar unas condiciones inhibitorias para el crecimiento de *L. monocytogenes*.

Dillo *et al.* (1994) encontraron que un 6% (7/116) de muestras de pescado ahumado en frío estaban contaminadas con especies del género *Listeria,* incluyendo a *L. monocytogenes*. McLauchin y Nichols (1994) hallaron un 2% (2/86) de incidencia de *L. monocytogenes* en salmón ahumado aunque un pequeño estudio (1989-1993) presentado en el mismo artículo reveló una incidencia del 21% (4/19). Las cantidades encontradas normalmente fueron < 100 por gramo, estando el recuento más elevado entre 10^2 y 10^3 por gramo. Estos datos están en amplia concordancia con los datos sobre cantidades e incidencia de *L. monocytogenes* en salmón ahumado en frío obtenidos en Dinamarca (Huss, 1997) que indican una incidencia del 31% al final de la vida útil del producto con unas cantidades máximas que alcanzan los 10^3-10^4 por gramo.

Con productos de elaboración tradicional como los pescados ahumados en frío es difícil de realizar modificaciones sobre el proceso o el producto con el fin de mejorar la seguridad alimentaria. Sin embargo, como el riesgo principal está relacionado con el crecimiento *de L. monocytogenes,* cualquier condición que impongamos que pueda prevenir que esto ocurra, es importante y pequeños aumentos del contenido en sal del agua o reducciones de las temperaturas de almacenamiento en refrigeración en el lugar de elaboración o durante la distribución o bien en el punto de venta, podrían aumentar la seguridad del producto. Por ejemplo, un aumento del contenido en sal de un 0,5% puede aumentar en más de un 10%, el tiempo necesario para que *L. monocytogenes* se multiplicase por 1.000. Además, una reducción en el tiempo de vida útil del producto podría reducir las posibilidades de un crecimiento importante de *L. monocytogenes* y consiguientemente reducir el riesgo de que se hallen elevados niveles de este microorganismo. Pequeñas modificaciones como estas deberían ser tenidas en cuenta donde sea posible, para ir progresando en la reducción del riesgo de listeriosis en este tipo de productos.

CARNES PREPARADAS FILETEADAS Y PATÉ

Descripción del proceso

Las carnes preparadas han sido responsables de un número de brotes de listeriosis en los últimos años (McLauchlin, 1996). Es probable que sea debido a varios factores que, combinados, hacen que estos productos sean altamente susceptibles a la contaminación y crecimiento de *L. monocytogenes*. Las carnes preparadas incluyen productos tales como el paté, pollos preparados, jamón cocido y perritos calientes y representan un grupo muy importante de alimentos. Además de tener un tiempo de vida prolongado (muchas carnes preparadas tienen tiempos de vida media que superan las 2-3 semanas o incluso de hasta 40-50 días a temperaturas de refrigeración), son consumidas habitualmente en sándwiches u otros «snacks» o tentempiés ligeros por parte de todos aquellos grupos que presentan un riesgo potencial de sufrir listeriosis.

En teoría, los productos elaborados con carnes cocidas deberían ser fáciles de controlar en relación al riesgo asociado con *L. monocytogenes*. En la mayoría de procesos a gran escala las materias crudas están separadas del producto final mediante una segregación completa por una pared con un horno con doble entrada («double-ended oven») situado a través de la pared. Ya que durante el proceso de cocción se alcanzan temperaturas letales para *L. monocytogenes,* cualquier contaminación existente en la etapa de materia prima debe ser eliminada de forma efectiva, haciendo que el principal riesgo de contaminación sea el post-procesado.

Figura 4.3 Diagrama de flujo de elaboración y consideraciones técnicas para un paté o una carne preparada loncheada.

Etapa de la elaboración	Consideraciones
Manejo de los animales ↓	Sanidad Limpieza
Sacrificio y procesado de la carne ↓	Higiene Temperatura Tiempo
Transporte de la carne, distribución y almacenamiento ↓	Higiene Temperatura Tiempo
Paté/carnes a granel picadas o reconstituidas Troceado y adición de otros ingredientes (especias, hierbas, sal, etc.)	Distribución de los aditivos Temperatura Tiempo
o	
Trozos enteros de carne Inyección de la salmuera (cuando sea necesario, por ejemplo, jamones y carnes curadas) ↓	Distribución del conservante Temperatura Tiempo
Cocido ↓	Temperatura Tiempo Separación entre alto/bajo riesgo (post-cocción)
Refrigeración con aire (forzada) ↓	Higiene
Retirada del envase (cuando sea necesario) ↓	Higiene
Almacenamiento ↓	Higiene Temperatura Tiempo
Gratinado/refrigeración, cuando sea necesario ↓	Temperatura Tiempo
Ultrarefrigeración ↓	Higiene
Loncheado, cuando sea necesario ↓	Higiene Tiempo
Decoración (aderezo) ↓	Higiene
Envasado ↓	Higiene Temperatura
Almacenamiento/distribución ↓	Temperatura Tiempo
Almacenamiento en el punto de venta ↓	Higiene Temperatura Tiempo
Loncheado en el punto de venta, cuando sea necesario ↓	Higiene
Venta al consumidor ↓	Higiene Temperatura Tiempo de conservación
Consumidor	Recomendaciones

El proceso de elaboración de las carnes cocidas (Fig. 4.3) incluye la cocción de la carne a granel bien como trozos o como mezclas trituradas en forma de bloques o de salchichas de tamaños variables. Los procesos de cocción normalmente sobrepasan el equivalente a 70°C durante 2 min (Tabla 3.2) y a menudo se ajustan para conseguir unas características particulares para el producto, por ejemplo, de color y textura. Posteriormente, la carne cocida a granel es refrigerada con aire para prevenir el crecimiento de bacterias supervivientes capaces de formar esporos y entonces se almacena en refrigeración (0-5°C) hasta que sea necesaria para una elaboración posterior. Algunos de estos productos pueden ser cocidos y despachados en envases intactos a tiendas de «delicatessen» u otros puntos de venta al por menor para ser cortado en lonchas en el mostrador y, en tales casos, el riesgo de contaminación tras el tratamiento térmico en la fábrica es mínimo si el producto es cocido en su envase definitivo y no se da la oportunidad para que se produzca una contaminación cruzada hasta que alcance el punto de venta al por menor. Sin embargo, la mayoría de las carnes cocidas están sujetas a algún tipo de procesado secundario. Esto puede incluir a un simple troceado de la carne a granel para obtener porciones a granel más pequeñas o un troceado a lonchas para dar lugar a envases para venta al por menor. Cualquier carne cocida sometida a un tratamiento posterior que conlleve un manipulado excesivo o un troceado en lonchas está expuesto de forma inevitable a importantes oportunidades para que se produzca la contaminación cruzada a partir del entorno.

Cuestiones relacionadas con la materia prima y su control

Las materias primas empleadas para la elaboración de los productos cárnicos cocidos varían considerablemente dependiendo de la naturaleza del producto final. Las carnes cocidas consisten básicamente de carne cruda, por ejemplo cerdo, ternera, pollo o pavo, junto con agua, sal, emulsionantes y a menudo, hierbas aromáticas y especias. Los emulsionantes, por ejemplo, fosfatos sódicos o potásicos, difosfatos o polifosfatos se inyectan normalmente a la carne cruda en una disolución de salmuera junto con cloruro sódico y agua.

En productos como el paté, una alta proporción de la materia prima consiste en grasa y otros tejidos, por ejemplo, hígado, corazón, etc., que probablemente presentarán una contaminación mayor que el músculo. Muchos de estos productos, especialmente el paté, son sazonados mediante la adición de hierbas y especias; éstas pueden contribuir significativamente a la carga microbiana de la mezcla del producto sin tratar, aunque representan un riesgo mayor cuando se añaden al producto cocido para decorarlo. Muchos productos cárnicos cocidos elaborados a partir de cerdo, incluyendo al paté, también contienen nitrito sódico, que actúa como conservante protegiendo al producto del crecimiento de *Clostridium* spp., y contribuyendo también al flavor característico del producto. En general, los productos cárnicos cocidos elaborados a partir de ternera, pollo o pescado no contienen nitrito.

Con tal variedad de materias primas, principalmente de origen animal, es esperable una alta incidencia de las especies del género *Listeria* en las mezclas crudas destinadas a la cocción. Recientemente, Jay (1996) ha realizado una revisión de la incidencia de *L. monocytogenes* en carne y carne de ave con un valor medio del 20% en trabajos sobre cerdo fresco y congelado de 12 países diferentes, aunque la incidencia en cada trabajo individual varió de 0 a 95%. En ternera y cordero se ha encontrado una incidencia similar (16%) aunque varió entre el 0 y el 77%. En pollo fresco y congelado, la incidencia media resultó ser de un 17% (en el rango entre un 5 y un 63%). Por consiguiente, parece claro que si bien debe de realizarse todos los esfuerzos para reducir el grado de contaminación de la materia prima, ésta todavía representará un riesgo importante para estos productos y para el ambiente en el que van a ser manipulados y elaborados. Por ello, los dos puntos críticos que deben de controlarse de modo efectivo son la etapa de cocción y evitar la contaminación cruzada del producto acabado.

Si bien todavía no es posible eliminar a *L. monocytogenes* de las materias primas, es importante que todo el personal involucrado en las fases iniciales del procesado en los mataderos, las carnicerías y en la preparación de la mezcla con la carne cruda, operen según los estándares apropiados de un buen matadero y unas buenas prácticas de elaboración para evitar que los riesgos lleguen a ser incluso mayores. Probablemente, diferencias en la higiene del sacrificio, en las condiciones de almacenamiento de la carne cruda y en la eficacia de la limpieza explican la amplia variación en la incidencia de *L. monocytogenes* hallada en los diferentes trabajos realizados sobre carne fresca, ya que unas malas prácticas conducirían inevitablemente a grados de contaminación más extendidos y mayores. Además de unas estrictas normas higiénicas, debe recordarse que, si bien los ingredientes de la mayoría de los productos cárnicos cocidos con una elevada actividad de agua no presentan un efecto particularmente inhibitorio del crecimiento de *L. monocytogenes* si ésta se encuentra presente en el producto final, algunos presentan concentraciones de sal que pueden limitar su velocidad de crecimiento. En tales circunstancias es esencial que se encuentren las cantidades correctas y que se realice una distribución homogénea de estos compuestos inhibidores, controlándolo de forma adecuada en la etapa de materia prima.

Cuestiones relacionadas con el procesado y su control

El punto de control crítico clave, respecto a los patógenos vegetativos, de cualquier operación sobre carnes cocidas es la etapa de cocción (Fig. 4.3). Los procesos de cocción de la carne están diseñados para disminuir de modo significativo los niveles de las formas vegetativas de los microorganismos patógenos presentes en las materias crudas y normalmente alcanzan temperaturas que sobrepasan los 70°C. Sin embargo, debido a consideraciones organolépticas y al deseo de evitar el desarrollo de un flavor a «recocido», en la mayoría de los productos cárnicos cocidos se utilizan las combinaciones tiempo/temperatura mínimas para asegurar el que tengan lugar los necesarios cambios visuales, en la textura y en el flavor. En el Reino Unido, la mayor parte de los fabricantes de carnes cocidas siguen las recomendaciones del Departamento de Salud del Reino Unido (Anon., 1992) que especifican una cocción mínima a 70°C durante 2 min o un tratamiento equivalente para producir una reducción de 10^6 veces de *L. monocytogenes*. Esto se basa en el trabajo realizado por la Asociación para la Investigación sobre Alimentos Campdem y Chorleywood («Campdem and Chorleywood Food Research Association») del Reino Unido reflejado ahora en esta guía producida por la Asociación para los Alimentos Refrigerados («Chilled Food Association») del Reino Unido (Anon., 1997b). Es importante señalar que algunos trabajos han mostrado que la resistencia al tratamiento térmico de *L. monocytogenes* puede aumentar por una exposición previa a un choque térmico suave y una pauta lenta de calentamiento harían que el valor *D* fuese más del doble (Carlier *et al.,* 1996a, b). Estas consideraciones pueden ser particularmente importantes en la cocción de carnes a granel en las que la penetración de calor en el centro de la pieza puede ser muy lenta. Sin embargo, el margen de seguridad en un tratamiento térmico de 70°C durante 2 min debería superar con creces cualquier efecto de resistencia térmica inducido por un choque térmico.

En el proceso de cocción de cualquier carne es esencial que, sea cual sea el equipo de cocción utilizado, éste sea capaz de alcanzar la temperatura deseada en todas las partes del producto y deben tenerse en cuenta las diferentes posiciones que puede adoptar el producto en el horno y la temperatura del alimento crudo entrante.

Un proceso controlado únicamente por la temperatura del horno y el tiempo no tiene en cuenta las variaciones en el grosor y densidad del producto, la temperatura de los materiales entrantes y la posición del producto en el horno. Deben realizarse estudios preliminares para convalidar cualquier proceso concreto considerando el «peor de los casos» y las desviaciones en el proceso atribuibles a las especificaciones técnicas del horno, por ejemplo, más o menos 2°C a lo largo del horno. Entonces, cada cocción debe controlarse mediante un registrador continuo de la temperatura y, tras el proceso de cocción, debe medirse la temperatura en el centro de la pieza en los productos que se sabe que han estado en la parte más fría del equipo de cocción. La temperatura debe tomarse insertando, en la parte más profunda de la carne, una sonda de metal esterilizada del registrador de temperatura.

Estos principios parecen muy simples y básicos pero es a la vez sorprendente y preocupante como muchos fabricantes de productos cárnicos cocidos tienen una pobre comprensión de los mismos. Un trabajo reciente sobre fabricantes de carnes cocidas llevado a cabo en el Reino Unido por el Ministerio de Agricultura, Pesca y Alimentación (MAFF) (Anon., 1995a) halló que un tercio de los fabricantes eran incapaces de establecer la temperatura máxima alcanzada en el centro de las piezas de sus productos cárnicos cocidos durante el proceso de cocción. Además, un 36% de los fabricantes no calibraban sus instrumentos de registro de temperatura.

La primera oportunidad para la recontaminación del producto surge inmediatamente después del tratamiento térmico, dependiendo del método de enfriamiento empleado. Debido a su tamaño, los productos cárnicos cocidos son enfriados mediante refrigeradores de aire forzado. De modo preliminar, también puede utilizarse un rociado mediante la pulverización de agua fría recirculada para disipar el calor inicial del producto. La contaminación puede tener lugar rápidamente durante estas etapas a partir de fuentes provenientes de los sistemas de enfriamiento. El uso de envases cerrados (herméticamente o mediante clips) para el tratamiento del producto puede reducir significativamente las oportunidades de contaminación durante la refrigeración, empleándose normalmente este tipo de métodos en la industria. Sin embargo, si se considera que la integridad del cierre de la envoltura es la barrera crítica para prevenir la contaminación tras el tratamiento, es esencial el asegurar que la eficacia del cierre es controlada adecuadamente, ya que los contaminantes introducidos tras el tratamiento pueden obtener rápidamente el acceso al producto durante el enfriamiento debido a la contracción del producto y el efecto de vacío que lleva asociado.

Para los recipientes de productos que posteriormente serán abiertos para permitir el troceado, cortado o loncheado del producto, la contaminación de las superficies externas del envase representa un riesgo potencial debido a la manipulación que recibe el producto. Esto puede reducirse mediante el paso de la carne cocida en su recipiente a través de una solución desinfectante apta para su uso alimentario con objeto de descontaminar la superficie externa antes de su posterior procesado, aunque si se manipulase siempre de forma higiénica tras la cocción, esto no sería necesario. Los productos que se someten a un procesado posterior, como las carnes a lonchas o los patés, normalmente se almacenan en un refrigerador tanto en su envase original como tras la retirada de los recipientes o envases. Es crítica una estricta atención a la higiene en las áreas en las que el producto está fuera de los recipientes y donde el envase se ha abierto con un cuchillo. Existen riesgos potenciales en las tres áreas claves de esta operación: el personal, los cuchillos y las superficies en contacto con los alimentos, por ejemplo las cintas transportadoras y las mesas. Las mesas, cuchillos y los soportes utilizados para sostener el producto son utilizados de forma continua y entran en contacto con todos los productos cocidos. Una limpieza regular de todas las superficies en contacto con el producto durante la producción es esencial para prevenir el asentamiento de cualquier contaminante. El uso de pausas para realizar una limpieza dirigida puede tener un importante impacto en el control de las especies del género *Listeria*. Un cambio regular de los cuchillos o el uso de baños esterilizantes de agua caliente (> 80°C) son críticos para prevenir que estos utensilios se conviertan en fuente de contaminación cruzada.

Normalmente, los productos se almacenan en estantes en refrigeradores y el potencial de contaminación en estas áreas es, de nuevo, importante. La posibilidad de colonización de las cámaras de refrigeración por *Listeria* representa un riesgo real y el movimiento del aire forzado en las cámaras crea aerosoles, que rápidamente se dispersan, contaminando el producto. Una descontaminación regular de las unidades de refrigeración mediante el uso de espumas o geles de limpieza y desinfectantes y/o sistemas de deshumidificación del aire son útiles para prevenir el asentamiento de microorganismos contaminantes. Sin embargo, a menudo son las cosas más simples las que causan los problemas de contaminación en los refrigeradores, como el goteo de condensación a partir de los sistemas de refrigeración, los techos o las tuberías elevadas, sobre el producto expuesto. La recogida de la condensación en áreas del suelo junto con una retirada inadecuada de restos de producto del suelo o residuos retenidos en suelos agrietados o en mal estado proporcionan unas condiciones ideales para la supervivencia y crecimiento de *L. monocytogenes;* por ello, los planes de limpieza para el refrigerador entero deben de ser frecuentes y concienzudos.

Tras la cocción y el enfriamiento, una amplia variedad de carnes cocidas son asadas durante un periodo de tiempo para alcanzar las características de flavor y la apariencia visual de la superficie externa. Para tales fines, la carne a granel se introduce en un horno a elevadas temperaturas (> 200°C) durante un breve periodo de tiempo durante el cual la superficie puede alcanzar temperaturas que superan los 100°C mientras que el centro apenas alcanza entre 30 y 40°C. Habiendo recibido ya una cocción completa, cualquier contaminación con *Listeria* tras el tratamiento térmico del producto a granel se hallará normalmente en la superficie externa; por consiguiente, el asado repasterizará la superficie de forma efectiva, destruyendo cualquier forma vegetativa de microorganismos contaminantes. Tras el asado, el producto es refrigerado de nuevo y posteriormente procesado como cualquier otro producto a granel o a lonchas.

El mayor riesgo existente para los productos cárnicos cocidos aparece durante la etapa más intensiva de su procesado, la del loncheado y envasado. Los productos a granel normalmente se cargan en máquinas loncheadoras que presentan una cuchilla giratoria. Las lonchas del alimento caen sobre una cinta transportadora que las lleva a una unidad de envasado en línea donde, o bien caen en un molde de preempaquetado, o bien son colocados manualmente en uno. El producto envasado es normalmente cerrado al vacío, o más comúnmente, se somete al flujo de una mezcla de gases (principalmente dióxido de carbono y nitrógeno) antes del cierre, refrigeración y envío.

Dependiendo del tamaño de la planta de producción, las áreas de loncheado y envasado del producto, tienen varias máquinas cortadoras unas al lado de las otras. Es preferible restringir el número de máquinas para lonchear en una única área ya que la limpieza de una máquina puede causar la contaminación de las máquinas vecinas. Una completa separación de las máquinas en diferentes habitaciones puede reducir de forma significativa los problemas causados por los aerosoles generados durante la limpieza del equipo, mientras se mantienen largas series de producción. Esto es debido a que las máquinas pueden ser limpiadas de forma secuencial sin comprometer la seguridad del producto que está siendo cortado a lonchas en una máquina adyacente.

Las máquinas para lonchear son complejas piezas del equipamiento y pueden presentar «zonas muertas» que pueden ser de difícil limpieza debido a un mal acceso. Como la operación de loncheado puede ser continua durante muchas horas a lo largo del día, cualquier *Listeria* contaminante tiene una gran oportunidad para proliferar y producir la contaminación cruzada de otros productos. Una limpieza y desinfección intermedia de las superficies son importantes para minimizar el establecimiento de los contaminantes y debe prestarse una detallada atención a una limpieza completa diaria incluyendo el desmontado de todas las partes que sean necesarias para permitir el acceso a todas las «zonas muertas» y a todas las superficies en contacto con el alimento incluyendo el alimentador de la cortadora, las cuchillas y las superficies internas como la protección de la cuchilla. Los restos gruesos del producto deben de ser eliminados antes del procedimiento de limpieza y desinfección que se realizará utilizando los productos químicos apropiados.

El equipo de loncheado debe estar diseñado para prevenir la presencia de puntos muertos y debe llevarse a cabo un análisis de riesgos completo en esta parte de la planta para identificar cualquier punto donde restos del producto, y consecuentemente *Listeria,* puedan asentarse.

Si el equipo de troceado es el de mayor interés en relación a la contaminación por *Listeria*, las cintas transportadoras del producto y la maquinaria asociada se sitúan en un muy cercano segundo lugar. No hay ninguna duda de que una cinta transportadora de una sola pieza de material sintético con un buen mantenimiento es una buena opción para colaborar en el mantenimiento de la higiene debido a que se limpia y se higieniza concienzudamente, poniendo atención tanto a la superficie superior como a la cara inferior de la cinta y a los rodillos que la mueven. Muchas unidades de loncheado se suministran con cintas transportadoras «polycord» que, en lugar de estar constituidas por una cinta de una pieza, constan de 20-30 bandas sintéticas individuales moviéndose cada una entre series de rodillos. La carne es transportada de forma más rápida y efectiva en estas bandas pero los problemas asociados con su limpieza y desinfección son significativamente mayores que los causados por las cintas de una sola pieza. Esto se debe principalmente a que cada banda está envolviendo a una ranura en el rodillo y con 20-30 bandas en cada sección del transportador y con la mayoría de las cintas constando de varias secciones, el número de ranuras en las cuales se puede retener la contaminación llega a millares. De forma clara deben darse consideraciones muy cuidadosas para diseñar un régimen de limpieza que haga frente de forma efectiva a estas intrincadas piezas del equipo.

Es probable que si las cortadoras y las cintas transportadoras se mantienen libres de contaminación por *Listeria,* entonces el producto final permanezca predominantemente libre de *Listeria*. Para minimizar la contaminación por *Listeria* de las cortadoras y las cintas transportadoras es imperativo el controlar al microorganismo en el resto del entorno. La atención hacia un trabajo higiénico y hacia la limpieza de las loncheadoras y las cintas transportadoras es un gran esfuerzo en vano si se permite que *Listeria* se asiente en suelos, paredes y en otras áreas del ambiente en la zona de loncheado.

La limpieza y desinfección de las superficies que no están en contacto con el producto son importantes para minimizar el potencial de que *Listeria* sea transmitida a las superficies en contacto con el producto de forma directa o indirectamente a través del personal o de aerosoles. No es posible identificar todas las áreas en la zona de producción tras el tratamiento térmico que pueden causar problemas sin un meticuloso análisis de riesgos de las unidades de procesado concretas. Sin embargo, algunas partes del entorno ya bien conocidas por su potencial contribución a la contaminación cruzada incluyen las siguientes: cintas, aerosoles provenientes de suelos con una limpieza deficiente/agrietados o sumideros, aerosoles provenientes de refrigeradores de aire forzado, mesas, recipientes para almacenamiento del producto y soportes, el condensado de los refrigeradores, techos e instalaciones en alto con una limpieza deficiente y de maquinaria.

Algunos productos como los patés a granel, a menudo son aderezados con hierbas y especias tras la cocción. En tales situaciones el aderezo debe de controlarse cuidadosamente para prevenir la introducción de contaminantes bacterianos en esta etapa final previa al reenvasado y venta. Donde sea posible, los aderezos deben ser tratados para eliminar o reducir la contaminación mediante un baño en desinfectantes tales como una disolución de hipoclorito o mediante el uso de aderezos tratados térmicamente. Además, muchos aderezos utilizados para estos fines se someten a algún tipo de pruebas microbiológicas para comprobar la presencia de microorganismos patógenos incluyendo a *L. monocytogenes*.

Cuestiones relacionadas con el producto final y su control

La presencia de *L. monocytogenes* debe ser prevista en algunas ocasiones en productos cárnicos cocidos loncheados. El objetivo debe ser el hacer que tales ocasiones sean poco frecuentes y, si se encuentra presente, lo esté en bajas cantidades. Uno de los mayores problemas que se plantean a la distribución y venta de productos cárnicos cocidos es el hecho de que pueden favorecer un crecimiento importante de *L. mono-*

cytogenes. Los datos obtenidos a partir del Food MicroModel (Anon., 1997c) muestran que en las condiciones que presentan normalmente los productos cárnicos cocidos (un pH de 6,4, contenido en sal del 3%) una contaminación por *L. monocytogenes* de 1 por gramo al principio del periodo de conservación puede aumentar hasta 10^6 por gramo tras 21 días a una temperatura de 5°C. Por supuesto, en muchos productos cárnicos cocidos se dan otros factores que pueden contribuir a una reducción en la velocidad de crecimiento de *L. monocytogenes* contaminante. Por ejemplo, la presencia de 50 ppm de nitrito sódico puede mantener el nivel tras 21 días a 10^4 por gramo. Es importante señalar que estos valores son predicciones a partir de un modelo matemático que está disponible comercialmente y que el crecimiento real en los productos puede diferir de la predicción. Resulta interesante que los estudios llevados a cabo por Farber y Daley (1994) en carnes y patés contaminados de forma natural, demostraron un crecimiento muy pequeño de *L. monocytogenes* cuando se almacenaron los productos a 4°C durante 3 semanas. Los modelos predictivos pueden ser útiles para proporcionar una guía a cerca de los efectos relativos de los cambios en las formulaciones de los productos, ya que puede obtenerse inmediatamente una predicción de qué formulación presenta un mayor efecto control sobre el crecimiento del microorganismo. Sin embargo, sea cual sea el estudio publicado que se examine, parece claro que una de las vías más efectivas para reducir significativamente el riesgo asociado al crecimiento de *L. monocytogenes* es la de dar al microorganismo menos tiempo para crecer en el producto mediante la reducción del tiempo de conservación del alimento.

Históricamente, en la mayoría de los países, a muchas carnes preparadas se les ha asignado un tiempo de conservación largo y algunos productos, aún hoy, se venden con un tiempo de vida media que supera los 45 días. Sin embargo, muchos fabricantes y vendedores que son conscientes del riesgo potencial asociado a *L. monocytogenes,* asignan tiempos de conservación del producto significativamente menores que estos, a no ser que los factores de control inherentes al producto hayan demostrado ser capaces de prevenir el crecimiento de *L. monocytogenes* hasta niveles de riesgo para la salud, dentro del tiempo de conservación designado al producto.

Varios autores han realizado diferentes trabajos sobre carnes preparadas y con frecuencia, revelan variaciones en las frecuencias de contaminación por *L. monocytogenes*. Es indudable que en aquellos lugares donde se han dirigido todos los esfuerzos sobre los riesgos y se han realizado intentos para mejorar el control de *L. monocytogenes,* la incidencia en el grupo de productos objetivo ha disminuido. Gilbert (1996) da un buen ejemplo de esto. En muestreos rutinarios llevados a cabo entre 1989 y 1994 la incidencia de *L. monocytogenes* en paté bajó de un 29,7% a un 2,6% (Tabla 4.6). Esto se atribuyó sin ningún género de dudas a una mayor conciencia del riesgo asociado al paté y los productos cocidos, generada por el brote de listeriosis de 1989 asociado a paté importado al Reino unido desde Bélgica. Se registró una disminución similar en la incidencia de *L. monocytogenes* en pollo cocido (Tabla 4.7). Un reciente e importante trabajo dirigido por el Ministerio de Agricultura, Pesca y Alimentación del Reino Unido (MAFF) se investigó la incidencia de *L. monocytogenes* en tres fases de la elaboración de carnes cocidas: en los establecimientos de los suministradores de productos cocidos a granel, en las plantas de loncheado de productos cocidos y en el punto de venta. En los elaboradores primarios se detectó *L. monocytogenes* en 3,1% (11/352) de las muestras de productos cocidos y sólo una muestra presentó cantidades por encima de 10 por gramo (log 1,3 por gramo) (Tabla 4.8). En las unidades de procesado secundarias las muestras fueron toma-

Tabla 4.6 Incidencia de *L. monocytogenes* en paté en Inglaterra y Gales (adaptado de Gilbert, 1996).

Año	*Número de muestras*	*L. monocytogenes (%)*
1989	155	46 (29,7)
1989	1.698	162 (9,5)
1989	65	13 (20)
1990	626	25 (4,0)
1990	96	3 (3,1)
1991-92	40	1 (2,5)
1994	3.073	80 (2,6)

Tabla 4.7 Incidencia de *L. monocytogenes* en pollo cocido en Inglaterra y Gales (adaptado de Gilbert, 1996).

Año	*Número de muestras*	*L. monocytogenes (%)*
1988-9	527	63 (12,0)
1989	102	27 (26,5)
1991	169	46 (27,2)
1991	983	91 (9,3)
1993	119	6 (5,0)

Tabla 4.8 Encuesta sobre *L. monocytogenes* en productos cárnicos cocidos en los lugares primarios de elaboración (Anon., 1995a).

Producto	*Fase*	*Número de muestras*	*Listeria spp.** *(en 25 g)*	*L. monocytogenes* *(en 25 g)*	*L. monocytogenes* *(log_{10} por gramo)*
Jamón	Cocción	48	0	0	–
Jamón	Loncha/gelatina	48	8	6	–
Jamón	Producto final	49	5	3	1,3,< 1,0, < 1,0
Paté	Cocción	16	0	0	–
Paté	Loncha/gelatina	13	0	0	–
Paté	Producto final	16	1	1	< 1,0
Pastel de cerdo	Cocción	54	0	0	–
Pastel de credo	Loncha/Gelatina	53	0	0	–
Pastel de cerdo	Producto final	55	1	1	< 1,0
Total		352	15 (4,3%)	11 (3,1%)	

* Incluye a *L. monocytogenes*.

Tabla 4.9 Encuesta sobre *L. monocytogenes* en productos cárnicos cocidos en los lugares secundarios de elaboración (Anon., 1996a).

Producto	*Fase*	*Número de muestras*	*Listeria spp.** *(en 25 g)*	*L. monocytogenes (en 25 g)*	*L. monocytogenes* *(log_{10} por gramo)*
Carne de cerdo curada y cocida	Antes del loncheado	17	2	0	< 2,0
Carne de cerdo curada y cocida	Loncheado	17	3	2	< 2,0
Carne de cerdo curada y cocida	Producto final	17	3	2	< 2,0
Carne picada, curada y cocida	Antes del loncheado	13	1	0	< 2,0
Carne picada, curada y cocida	Loncheado	13	3	0	< 2,0
Carne picada, curada y cocida	Producto final	13	3	0	< 2,0
Pollo	Antes del loncheado	18	0	0	< 2,0
Pollo	Loncheado	18	1	0	< 2,0
Pollo	Producto final	18	0	0	< 2,0
«Corned Beef» (Ternera curada)	Antes del loncheado	20	0	0	< 2,0
«Corned Beef» (Ternera curada)	Loncheado	20	1	1	< 2,0
«Corned Beef» (Ternera curada)	Producto final	20	2	1	< 2,0
Total		204	19 (9,3%)	6 (2,9%)	

* Incluye a *L. monocytogenes*.

Tabla 4.10 Encuesta sobre *L. monocytogenes* en productos cárnicos cocidos en los puntos de venta (Anon., 1996b).

Producto	*Número de muestras*	*Listeria spp.** *(en 25 g)*	*L. monocytogenes* *(en 25 g)*	*L. monocytogenes* *(log$_{10}$ por gramo)*
Cerdo curado y cocido	220	20	19	< 2,0
Carne picada curada y cocida	47	0	0	–
Pollo cocido	99	4	3	4,48, 2,0 y < 2,0
«Corned Beef» (Ternera curada)	48	0	0	–
Total	414	24 (5,8%)	22 (5,5%)	

* Incluye a *L. monocytogenes.*

das antes del loncheado, loncheadas y en el estado final: un 2,9% de las muestras estaban contaminadas con *L. monocytogenes* (todas < 100 por gramo), aunque los resultados indicaron que las velocidades de contaminación aumentaron tras el loncheado (Tabla 4.9). En el estudio sobre productos cárnicos cocidos comprados a comerciantes, un 5,5% (22/414) estaban contaminadas con *L. monocytogenes* con sólo dos de las muestras que sobrepasaban la cantidad de 100 por gramo (log 2,0 y log 4,48) (Tabla 4.10).

De manera clara, las carnes preparadas constituyen una categoría de alimento con un riesgo asociado que parece ser mayor que en muchos otros productos, debido a la posibilidad de que *L. monocytogenes* esté presente y de que se multiplique durante el tiempo de conservación del producto y porque estos productos son consumidos por un grupo vulnerable de la población. Si en un futuro han de evitarse los brotes de listeriosis producidos a partir de estos productos habrá que atender las siguientes áreas críticas:

- una cocción efectiva
- una separación efectiva de la materia prima y el producto acabado
- elevados estándares de higiene personal mediante la formación de los operarios
- limpiezas efectivas frecuentes y desinfección de las áreas de contacto con el producto y otras áreas de producción post-cocción (minimizar la formación de aerosoles en todos los casos)

- presencia de factores que inhiban el crecimiento del microorganismo en el producto, incluyendo una temperatura de almacenamiento en refrigeración bien controlada
- la reducción del tiempo de conservación del producto para reducir las oportunidades de grandes crecimientos.

PLATOS PRECOCINADOS LISTOS PARA COMER

Descripción del proceso

Frecuentemente, los platos preparados han sido implicados como una de las causas por las que *L. monocytogenes* ha emergido como un patógeno vehiculado a través de los alimentos. Los platos preparados a menudo se presentan como comidas preparadas, comidas de conveniencia, cenas de sofá, etc. Son todos productos cocinados que se envasan y almacenan en condiciones de refrigeración antes de ser consumidos sin ningún calentamiento adicional, tras un recalentamiento o después de una completa recocción por parte del consumidor.

Algunos platos preparados contienen ingredientes elaborados sin cocción alguna como queso o carnes fermentadas que se añaden después a los componentes cocidos; otros pueden consistir en ingredientes precocidos que se enfrían antes de envasarse en frío. Varían considerablemente en el tipo e incluyen platos de pasta, por ejemplo Lasaña y Tagliatelle, comida china, por ejemplo arroz frito con huevo («egg fried rice») y costillas de cerdo y productos tradicionales británicos, por ejemplo, «Shepherd's pies», «Cottage pies», pollo asado y «hot pots».

Los platos preparados pueden constar de cualquier ingrediente, individual o combinado, de todos los sectores de la industria alimentaria, incluyendo los lácteos, carne, carne de aves, pescado, productos vegetales, hierbas y especias. Aunque a veces se nos presentan como de riesgo importante en relación a *L. monocytogenes,* los platos preparados raramente se han visto implicados en brotes de listeriosis. Esto se debe principalmente al tiempo de conservación relativamente corto que a menudo se les da a este tipo de productos, que normalmente no supera los 10-15 días a temperatura de refrigeración. Esto es así debido a la naturaleza altamente perecedera de los productos producida por una contaminación general post-procesado durante el cual muchos de los productos son objeto de un gran manipulado (Fig. 4.4).

Fase del procesado	Consideraciones
Entrada de materias ↓	Asegurarse de la calidad del suministrador (separación crudo/cocido por parte del suministrador separación crudo/cocido a la llegada)
Almacenamiento de las materias ↓	Separación Higiene Temperatura Tiempo
Formulación de la receta ↓	Higiene Tiempo
Cocción (cuando se aplique) ↓	Temperatura Tiempo
Paso a la zona de alto riesgo ↓	Higiene Segregación
Mezcla del producto ↓	Higiene Temperatura Tiempo
Transferencia a envases ↓	Higiene Temperatura
Almacenamiento ↓	Temperatura Tiempo
Distribución ↓	Temperatura Tiempo
Venta para consumo ↓	Temperatura Tiempo de conservación
Consumidor	Recomendaciones

Figura 4.4 Diagrama de flujo y consideraciones técnicas del procesado de un típico plato preparado.

Cuestiones relacionadas con la materia prima y su control

Los platos preparados pueden ser elaborados a partir de una combinación de muchos y diferentes ingredientes y no es necesario para el propósito de esta discusión el que se cubra todo el rango de esta área de productos extremadamente diversa.

Un ejemplo típico de plato preparado puede ser el pollo al curry que consiste en piezas de pollo con una salsa de curry envasadas en un compartimento de una bandeja con arroz hervido en otro compartimento a parte. A menudo, los fabricantes de platos preparados reducen su exposición a los riesgos potenciales inherentes a los alimentos crudos mediante la selección de ingredientes precocinados o pasterizados, como pollo cocido, camarones o huevo líquido pasterizado. De esta manera, se reduce la incidencia de patógenos, incluyendo a *L. monocytogenes,* y el riesgo concomitante al propio proceso y a los productos.

Listeria spp., incluyendo a *L. monocytogenes,* estará presente en algunas de las materias primas crudas, de forma particular en los vegetales frescos donde se sabe que se hallan presentes de forma ocasional, aunque en bajas cantidades. Como en cualquier otro proceso que presente una etapa de cocción, los factores claves de control normalmente residen en el proceso de cocción y en evitar la contaminación cruzada tras la cocción.

El aspecto del control de la materia prima que presenta mayor importancia con respecto a los platos preparados es la separación de los componentes con probabilidad de estar contaminados con *L. monocytogenes* de aquellos que se destinan para ser añadidos al producto final sin sufrir un proceso «listericida», por ejemplo los platos preparados que se cubren con queso rallado. Obviamente, el queso debe almacenarse separadamente de los ingredientes alimentarios crudos y cuando se transfieran al área de máximo riesgo de la fábrica, los envases deben sumergirse en una solución desinfectante de manera que el exterior de los paquetes esté descontaminado antes de que el envase de queso sea abierto en el área de alto riesgo. Las características físicas (tamaño, viscosidad, etc.) y la temperatura de las materias crudas pueden ser críticas para la seguridad de un producto ya que la fase de cocción posterior en el procesado a menudo se establece a una combinación tiempo y temperatura estándar basándose en estudios realizados con suministros anteriores de ingredientes. Por consiguiente, cualquier variación en la naturaleza física de la materia prima o el requerimiento de realizar la cocción partiendo de una temperatura más baja, puede conducir a que sea necesaria la revalidación del proceso de cocción para asegurar que se alcanza la combinación tiempo/temperatura requerida. Debido al riesgo de una contaminación tras la cocción, las fabricas de platos preparados presentan normalmente una separación entre las áreas de bajo riesgo y las de alto riesgo. Los ingredientes crudos con destino a la cocción se almacenan en el área de bajo riesgo y la fase de cocción se utiliza como división entre las áreas de bajo y alto riesgo. Debe estar implantada la disciplina en la higiene del personal para mantener la integridad de las áreas de alto riesgo y la estructura de la fábrica y los flujos de producción deben adaptarse a unas buenas prácticas de elaboración (Anon., 1991). Las recomendaciones recientemente publicadas por la Asociación para Alimentos Refrigerados («Chilled Food Association») del Reino Unido (Anon., 1997b) dan detalles acerca de los sistemas y procedimientos que deben seguir los fabricantes de estos productos refrigerados.

Cuestiones relacionadas con el procesado y su control

Como cualquier proceso con una fase de cocción, es éste el punto de control crítico para destruir la contaminación por células vegetativas bacterianas en las materias primas. Debe haber una separación efectiva entre las materias crudas y el producto cocido para prevenir la contaminación post-procesado. En general, los componentes de los platos preparados se someten a cocción de manera que la temperatura en el centro sea de, al menos, 70°C durante 2 minutos o un proceso equivalente, parecido al de los productos cárnicos cocidos. Siempre que esto se realice de manera adecuada consiguiendo que todos los componentes crudos sufran una cocción completa, *L. monocytogenes* habrá sido destruida. Algunos platos preparados son pasterizados en un envase al vacío y refrigerados posteriormente para su venta al consumidor. A éstos se le denomina productos *«sous vide»* y no representan riesgo alguno respecto a *L. monocytogenes* si las temperaturas de procesado alcanzadas son suficientes como para destruir los niveles iniciales de contaminación y permanece intacta la integridad del cierre del envase. Sin embargo, la mayoría de los ingredientes de los platos preparados son sometidos a un proceso de cocción a granel seguido de una refrigeración. El producto a granel es refrigerado, en unas horas, hasta una temperatura < 5°C y posteriormente almacenado, normalmente durante un tiempo inferior a las 24 horas, hasta su uso. Los productos se mezclan en frío en un área de máxima precaución o alto riesgo de la fábrica mediante sistemas manuales o automáticos. En algunos casos, los componentes de los platos preparados deben ser cocidos y envasados en caliente, como ocurre con las salsas y algunos otros componentes que son de difícil envasado en estado frío. Esto supone un riesgo adicional al proceso, ya que un componente caliente se mezcla con otro refrigerado, como pollo precocinado. Las salsas se envasan habitualmente a temperaturas por encima de los 60°C pero tras su mezcla con el producto refrigerado la temperatura se equilibra y surge la posibilidad de que crezca cualquier contaminante presente en el componente refrigerado envasado, a no ser que la totalidad del producto sea rápidamente refrigerada con aire. En muchos casos, es de hecho lo que ocurre y el producto refrigerado con aire es sellado, empaquetado y almacenado para su venta.

En las operaciones realizadas en los platos preparados, existen muchas áreas de posible contaminación bacteriana debido a la naturaleza compleja y manual del mezclado y envasado en frío de los productos precocinados (Fig. 4.4). Las oportunidades para la contaminación aparecen desde el momento en el que el producto pasa de la zona de bajo riesgo de la fábrica a través del área de cocción a la zona de máxima precaución o alto riesgo. El paso debe de ser a través de los hornos para los productos horneados, a través de grills continuos donde el producto pase bajo una fuente de calor en una cinta transportadora, mediante sartenes si los productos son cocidos en grandes freidoras o en sartenes de cocción antes de ser vertidos en los recipientes de recepción en el área de alto riesgo o de grandes recipientes cerrados de calentamiento desde los que se pueden bombear directamente a los recipientes de la zona de alto riesgo a través de tuberías cerradas, como es a menudo el caso de las salsas. Todas estas operaciones presentan riesgos de una posible contaminación del producto con *L. monocytogenes*.

Las superficies en contacto con el producto siempre suponen el mayor potencial para una contaminación cruzada al producto cocido con cualquier especie de *Listeria* contaminante. Es necesario prestar especial atención a la limpieza y desinfección de cualquier recipiente utilizado para transferir o recibir el producto cocido desde la zona de bajo riesgo al área de alto riesgo. A menudo las válvulas, los cierres y los rebordes de los tanques y sistemas de conducción sufren un mala limpieza y a no ser que se desmonten para su limpieza e inspección es fácil anticipar el asentamiento de restos del producto que crean un entorno adecuado para la colonización y el crecimiento de *L. monocytogenes*.

En la zona de fabricación, los aerosoles constituyen un importante riesgo potencial para los productos cocidos. Es extremadamente importante el controlar la formación de aerosoles en las áreas de cocción abierta en las que se deben utilizar campanas extractoras para evitar la salida de vapor desde el producto. Sin embargo, en estos sistemas se forma a menudo condensación, que puede gotear de nuevo al producto cocido durante su paso al área de alto riesgo. Un secado adecuado de la condensación es esencial, junto con una limpieza y desinfección diarias de las áreas en las que tiene lugar la condensación. Riesgos similares aparecen en los refrigeradores donde a menudo la condensación aparece en los techos, conduciendo de nuevo a un goteo sobre el producto refrigerado si éste está expuesto. En muchos casos algún componente del producto se expone con el fin de refrigerarlo rápidamente para evitar así el crecimiento de los microorganismos esporulados supervivientes; por consiguiente son importantes los mecanismos que impidan la formación de condensación y su goteo sobre el producto. Se sabe que los refrigeradores de aire forzado son capaces de transferir *L. monocytogenes* al producto. Esto tiene lugar como consecuencia de la colonización por parte del microorganismo de la unidad de refrigeración, que puede salir despedido del refrigerador durante el funcionamiento del ventilador. Los sistemas de refrigeración del producto son una de las áreas más importantes para el control de *Listeria* y su limpieza, desinfección y deshumidificación regulares constituyen una importante medida para reducir la contaminación.

Como para las carnes cocidas, el área que ofrece un mayor riesgo de contaminación cruzada es la zona de mezcla o ensamblaje del producto, en la que éste normalmente es envasado en frío en sus recipientes de forma manual. Los dos principales orígenes de la contaminación son el personal que manipula los productos y la maquinaria utilizada para el llenado o transporte del producto. Los aerosoles y la condensación creados y presentes en el ambiente también suponen riesgos importantes para el producto expuesto, por lo que deben controlarse cuidadosamente las pautas de limpieza para evitar la creación de aerosoles que puedan contaminar al producto.

Debe prestarse una considerable atención al mantenimiento de la limpieza de todas las superficies en contacto con el producto en las áreas de alto riesgo. La limpieza y desinfección de las cintas transportadoras se ha hecho más sencilla con el uso de cintas continuas de una pieza que pueden desmontarse para su limpieza e higienización o pueden realizarse estas operaciones *in situ*. Las áreas que a menudo se descuidan son aquellas situadas en la parte inferior de la cinta donde se pueden acumular restos del producto y, debido a la necesidad comercial de trabajar en régimen de series de producción de larga duración, sólo las áreas en las que los restos de producto quedan a vista, por ejemplo, la superficie de la cinta, son limpiadas de forma efectiva. Sin embargo, *L. monocytogenes* puede colonizar rápidamente la cara inferior de la cinta y desde ahí, mediante el movimiento de la cinta y los canales de humedad, contaminar de forma eventual la superficie de la cinta y convertirse en un flujo continuo de contaminación para el personal y para los productos. Mientras normalmente se reconoce la importancia de unas buenas normas de higiene personal y son controladas de forma efectiva, son a menudo este tipo de intermediarios los que pueden suponer un riesgo importante mediante la contaminación de unas manos que seguidamente van a entrar en contacto con el producto. Otros intermediarios potencialmente contaminantes incluyen a los mangos de cepillos, los de pulverizadores utilizados para la descontaminación en línea y los mangos de los cuchillos utilizados para abrir los paquetes, los cuales, aunque nunca entran en contacto directo con el producto, actúan como una fuente de contaminación por la que pasan al producto a través de las manos. Debe prestarse especial atención a la limpieza e higienización de estas áreas.

Algunos platos preparados presentan una guarnición o se cubren con ingredientes que no han sido sometidos a un proceso de cocción completo; por ejemplo, algunos pueden cubrirse con queso rallado o productos cárnicos fermentados. En tales circunstancias el ingrediente crudo aportado representa un riesgo potencial tanto para el producto como para el ambiente. Es necesario establecer el control de estos materiales mediante esquemas en los que se asegure la calidad del proveedor y la provisión de sistemas de almacenamiento y manipulación adecuados y separados en el envase del plato preparado.

Cuestiones relacionadas con el producto final y su control

Los platos preparados deben refrigerarse o congelarse antes de su envío a comercios o empresas de catering para su venta posterior. Los platos preparados congelados presentan un bajo riesgo en relación a *L. monocytogenes* ya que no tendrá lugar su crecimiento tras la congelación. Sin embargo, sigue siendo importante el control durante la elaboración para evitar una contaminación con cantidades elevadas que puedan suponer un riesgo posterior cuando el consumidor descongele el producto.

El mayor riesgo potencial lo presentan los platos preparados refrigerados ya que cualquier *L. monocytogenes* que se halle presente puede crecer en el producto final. Probablemente, este riesgo es menor que el de la mayoría de otros productos precocinados como las carnes cocidas loncheadas ya que los tiempos de conservación de los platos preparados son significativamente más cortos, variando entre los 5 y los 15 días. Normalmente, los tiempos de conservación se encuentran limitados por el crecimiento de microorganismos que son contaminantes generales tras el procesado, como especies del género *Pseudomonas* y otras bacterias Gram negativas lo que, en consecuencia, restringe el periodo del que *L. monocytogenes* dispone para aumentar su número. El grado en el que *L. monocytogenes* es capaz de crecer en el producto es extremadamente variable en función del producto y depende de otros factores que concurren en éste. Sin embargo, muchos platos preparados presentan pHs en el rango entre 6 y 7 con una actividad de agua entre 0,97-0,99, sin ningún otro factor de control. En tales circunstancias el crecimiento de *L. monocytogenes* puede llegar, a partir de un nivel de contaminación inicial de 1 por gramo, a más de 10^3 por gramo en 10 días (actividad de agua 0,99, pH 6,6, 5ºC; datos obtenidos a partir del Food MicroModel (Anon., 1997c)). Por consiguiente, el evitar la contaminación y la restricción del tiempo de conservación son factores importantes para controlar este riesgo.

Sin embargo, la seguridad de los platos preparados aumenta en muchos casos por la inclusión de un paso de cocción posterior que debe aplicar el consumidor. En esta etapa, las instrucciones de cocinado proporcionadas en el envase del producto como recomendación al consumidor son diseñadas a menudo para asegurar que se consiga la repasterización del producto alcanzando temperaturas por encima de los 70°C. Se cree que muchos consumidores no siguen las recomendaciones de cocción precisamente porque la apariencia de «precocinado» del producto les hace pensar que estas recomendaciones están diseñadas sólo para recalentar el producto. En el envase a menudo se sitúa una advertencia adicional, incluyendo frases como cocinar «a fondo» o hasta que esté «bien caliente», para apoyar la necesidad de alcanzar una recocción a temperaturas elevadas. En algunos países, a los grupos de población susceptibles, como las mujeres embarazadas, todavía se les recomienda la cocción completa de los platos preparados si quieren evitar por completo cualquier riesgo asociado a *L. monocytogenes* (Departamento de Salud, 1996).

Los muestreos en platos preparados detectan frecuentemente *L. monocytogenes*. MacGowan *et al.* (1994) dan una incidencia de un 17% (13/75) de especies de *Listeria* en platos cocidos refrigerados apareciendo *L. monocytogenes* en 9 de las 12 especies de *Listeria* encontradas (12% de incidencia). Se cree que en los últimos años la incidencia de las especies del género *Listeria* en estos productos ha disminuido de forma importante a < de un 5%, con una presencia *de L. monocytogenes* < 1% de los productos. La incidencia de *L. monocytogenes* no está asociada a tipos específicos de productos, pero se hallan especies del género *Listeria* en una gran variedad de productos y con más frecuencia, en aquellos que sufren un alto grado de manipulación o tienen una mayor exposición a una contaminación cruzada ambiental. Esto refuerza el hecho de que las principales áreas que permiten el acceso de *L. monocytogenes* al producto son a través del personal y del ambiente del área de acabado del producto.

Platos preparados que presentan componentes crudos

Algunos platos preparados pueden contener componentes que no han sufrido una cocción completa en el lugar de fabricación. Este tipo de productos puede contener trozos de pescado que no ha sido precocinado porque su textura se vería alterada cuando el consumidor la cocinase o puede contener productos vegetales que únicamente han sido escaldados y que son enfriados en agua fría clorada tras el escaldado antes de ser añadidas al envase; de nuevo esto se hace para preservar su textura hasta el consumidor. A menudo estos productos presentan una apariencia visual a producto cocinado, especialmente si el pescado está recubierto con una salsa precocinada. Es probable que la incidencia de *L. monocytogenes* sea mayor en estos productos, debido al componente no cocinado. Los componentes crudos y el proceso de acabado en estos productos deben estar completamente separados de cualquier otro proceso de un producto que sólo incluya componentes cocidos por completo. Las recomendaciones que se dan al consumidor en el envase deben dejar claro la necesidad de una cocción completa.

PRODUCTOS CÁRNICOS FERMENTADOS Y DESECADOS

En el mercado de venta al por menor existe una amplia variedad de productos que son fabricados mediante secado y/o fermentación de carne cruda, sin ningún tratamiento térmico que elimine a *Listeria*. Los productos cárnicos fermentados tradicionales incluyen a los salamis, como el salami danés, el salami con pimienta y el salami alemán, etc., mientras aquellos productos que sólo reciben un proceso de secado o curado se denominan productos cárnicos crudos curados o carnes curadas e incluyen al jamón de Parma, el *Proscuitto* y el *Bresaola*. Normalmente estos productos son ingeridos en pequeñas cantidades debido a su fuerte flavor (y a su elevado precio) y son consumidos por todos los sectores de la sociedad, incluyendo a los grupos de individuos de más riesgo. Estos productos tienen un buen historial de seguridad respecto a *L. monocytogenes* sin que se haya informado de brotes de *Listeria* que impliquen a estos productos.

Descripción del proceso

La primera fase del proceso de elaboración del salami consta del picado de trozos de carne cruda troceados, normalmente carne de cerdo, pero en algunas ocasiones también se utiliza ternera (Fig. 4.5). Hoy en día también es posible encontrar embutidos elaborados con otras carnes como pavo o pollo. La carne es picada en pequeños trozos junto con hierbas, especias, sal, nitrito sódico (y a veces nitrato sódico) y lactosa u otros

Fase del proceso	Consideraciones
Manejo del animal ↓	Salud Limpieza
Sacrificio del animal y procesado ↓	Higiene Temperatura Tiempo
Transporte de la carne, distribución y almacenamiento ↓	Higiene Temperatura Tiempo
Despiezado de la carne ↓	Higiene
Picado con hierbas, especias, sal, nitrato (y cultivos iniciadores) ↓	Distribución de aditivos Actividad del cultivo estárter Higiene
Embutido en la tripa ↓	Higiene Garantía de la calidad de la tripa
Atado ↓	Higiene
Fermentación ↓	Higiene Temperatura Tiempo Desarrollo de la acidez/perfil de pH
Secado ↓	Higiene Temperatura Tiempo Pérdida de humedad
Loncheado, (cuando se realice) ↓	Higiene
Envasado ↓	Higiene
Almacenamiento y distribución ↓	
Loncheado en el punto de venta (cuando se realice) y venta	Higiene Condiciones de conservación

Figura 4.5 Diagrama de flujo y consideraciones técnicas para la elaboración de un típico producto cárnico fermentado.

azúcares fermentables. En algunos productos durante esta fase se inoculan cultivos estárter formados por bacterias acidolácticas y estafilococos, aunque a algunos embutidos tradicionales no se les añade ningún cultivo iniciador pero cuentan con el crecimiento de bacterias acidolácticas presentes en la carne cruda. La mezcla que incluye a la carne cruda es embutida en tripas, que pueden estar fabricadas a partir del intestino del animal o a partir de materiales sintéticos, y posteriormente se atan con una cuerda antes de ser colocados en colgadores. Los embutidos se colocan en cámaras de temperatura y humedad controladas y se dejan fermentar. Las temperaturas del proceso varían de 20 a 37°C, dependiendo del producto, la mezcla cárnica se deja fermentar durante varios días. En Europa, las temperaturas de fermentación son de 20-30°C mientras que en Estados Unidos se utilizan temperaturas más elevadas, de entre 30-37°C. Durante esta fase, las bacterias acidolácticas se convierten en la flora dominante y disminuyen el pH de forma activa mediante la producción de ácidos orgánicos. Normalmente, en la fermentación se alcanzan pHs de aproximadamente 5,0 y el contenido en humedad disminuye en un 10-15% durante el proceso, debido a la pérdida por goteo y al secado. Tras la fermentación, se lleva a los productos a las cámaras de secado a temperaturas de aproximadamente 10-12°C y de humedad controlada, dejándose allí durante un periodo que varía entre 20 y 50 días o más, dependiendo del producto. Para la mayoría de salamis, esta etapa está diseñada para alcanzar el secado posterior del producto mientras, a la vez, se permite el desarrollo de los cambios en el flavor y la textura que son deseables para el producto final. En algunos productos se permite el desarrollo de una capa superficial de moho en la cara externa del embutido; esto confiere un flavor distintivo a madurado por mohos, a la vez que eleva el pH del producto final de 4,5-5,0 hasta un pH mayor de 6, aunque esto varía entre el centro y la capa externa del producto. Normalmente, al final del proceso el salami acabado tiene una actividad de agua inferior a 0,94, un contenido en sal de un 5-10% y un pH entre 4,5 y 7. Algunos salamis pueden también ser ahumados a < 15°C en grandes cámaras de ahumado antes del secado.

Las carnes curadas se elaboran a partir de músculos enteros o piezas enteras como el jamón de Parma, que se elabora a partir de piernas enteras de cerdo (Fig. 4.6), sin ningún proceso de corte (troceado). La primera fase del proceso incluye la aplicación de forma regular de sal seca a las piezas de carne, que posteriormente se almacenan en refrigeración a < 5°C. La carne es girada a intervalos regulares y se añade más sal, con la que se frota o masajea al producto. La carne puede salarse durante periodos

Fase del proceso	Consideraciones técnicas
Manejo del ganado	Sanidad Limpieza
↓	
Sacrificio y procesado del animal	Higiene Temperatura Tiempo
↓	
Transporte de la carne, distribución y almacenamiento	Higiene Temperatura Tiempo
↓	
Despiezado de la carne	Higiene
↓	
Salazonado y almacenamiento	Distribución de la sal Higiene Temperatura
↓	
Secado	Higiene Temperatura Tiempo Pérdida de humedad
↓	
Loncheado (cuando se realice)	Higiene
↓	
Envasado	Higiene
↓	
Distribución	
↓	
Loncheado en punto de venta (cuando se realice) y venta	Higiene Condiciones de conservación

Figura 4.6 Diagrama de flujo y consideraciones técnicas del proceso de una carne cruda curada.

de 1 a 2 semanas y durante este tiempo se desarrollan las condiciones que seleccionan el crecimiento de la flora acidoláctica. Después del salado, los productos son desecados a 10-12°C, algunas veces con humedad controlada, a lo largo de varios meses, durante este tiempo tiene lugar una fermentación láctica de intensidad media y el contenido en humedad disminuye significativamente. Puede añadirse una fase de ahumado antes del secado para alguno de estos productos. El producto acabado tienen un pH entre 5 y 6 y la actividad de agua puede ser tan baja como 0,85.

Los salamis y las carnes curadas pueden envolverse y ser vendidos para su loncheado por parte del minorista o pueden cortarse a lonchas en el mismo lugar y envasarse para su venta. Los salamis y las carnes curadas se almacenan y se venden a temperatura ambiente o en condiciones de refrigeración y tienen tiempos de conservación prolongados que, debido a su inherente estabilidad, pueden estar entre 1 y 3 meses o incluso más.

Cuestiones relacionadas con la materia prima y su control

Como ocurre con otros procesos que no tienen una etapa que destruya a *Listeria,* la calidad de las materias primas es extremadamente importante en el control del nivel de contaminación al que el producto puede estar expuesto durante el posterior proceso de fermentación y/o secado. La incidencia de *L. monocytogenes* en la carne cruda ya ha sido tratado recientemente (ver sección acerca de los productos cárnicos cocidos y el paté loncheados, página 69) y queda claro que la materia prima es una importante fuente del microorganismo y desde ahí constituye un potencial riesgo para el producto. Para prevenir cualquier posible asentamiento de *L. monocytogenes,* son esenciales unas buenas normas higiénicas y un control del proceso para minimizar cualquier contaminación adicional durante la fase de picado y amasado (mezclado) y las de embutido y atado.

La carne fresca normalmente es procesada muy rápidamente desde su recepción en la unidad de procesado; esto resulta ventajoso ya que previene el crecimiento de cualquier microorganismo contaminante del género *Listeria* antes de la fase de procesado. El suministrador de la carne cruda debe estar convencido de la necesidad de que la carne sea de alta calidad y es esencial que el proveedor tenga un programa de certificación de la calidad para establecer las necesidades clave de las condiciones higiénicas del sacrificio y del suministro. Aquí se pueden incluir el control de indicadores del procesado higiénico. El fabricante de salamis o carnes curadas a menudo somete a la carne a un procesado posterior para ajustar apropiadamente la cantidad de grasa y ésta es un área en la que se puede producir una contaminación cruzada importante desde las cintas transportadoras, las mesas, el personal y los cuchillos. Los estándares de higiene del proceso deben ser controlados cuidadosamente y debe realizarse una limpieza y desinfección de forma regular. Otras materias primas, aunque importantes, pueden no encontrarse contaminadas de manera tan intensa por *L. monocytogenes* como la carne cruda, pero es importante conocer la condición microbiológica de otros ingredientes como hierbas, especias y tripas, particularmente las de origen natural. Los procedimientos de manipulado higiénico minimizan cualquier posible asentamiento de restos del producto y polvo en las áreas de almacenamiento de ingredientes y los procesos primarios también controlarán a *L. monocytogenes* en el entorno.

Cuestiones relacionadas con el procesado y su control

El proceso de fabricación de los salamis y las carnes curadas es un proceso tradicional antiquísimo. La presencia de cantidades elevadas de bacterias estárter, sal y nitrito sódico en los salamis son factores importantes en el control de las bacterias patógenas, incluyendo a *L. monocytogenes*. Se cree que el crecimiento del cultivo iniciador hasta niveles elevados con la producción concomitante de ácidos orgánicos y la bajada del pH ejerce un efecto control sobre el crecimiento de *L. monocytogenes* que, combinado con la disminución en el contenido de humedad en las fases posteriores, puede tener como resultado la reducción de los niveles de *L. monocytogenes*. Muchos de estos factores no están presentes en los productos cárnicos crudos curados en los que normalmente la fermentación no es importante y en algunos casos no se añade nitrito sódico. Sin embargo, las diferencias en el riesgo relativo asociado a estos productos es reconocible mediante la comprensión de la significación de las fases iniciales y el procesado para cada tipo de producto. Para el salami, la carne es picada, por lo que cualquier contaminante se encuentra distribuido por todo el producto. Para las carnes curadas, la mayoría son elaboradas a partir de piezas musculares enteras y en consecuencia, una posible contaminación con *L. monocytogenes* queda restringida a la superficie. Por consiguiente, comparando los dos procesos, las bacterias patógenas contaminantes del salami deben ser destruidas en todo el volumen de producto mientras que en los productos cárnicos crudos curados la descontaminación principal debe realizarse en la superficie, la cual, por supuesto, es el lugar donde se presentan las condiciones más severas, con una aplicación continua de sal, una exposición a la microflora acidoláctica competitiva y la pérdida de humedad durante el secado.

La alta incidencia de *L. monocytogenes* detectada en salamis en varias encuestas publicadas demuestra que, probablemente, el procesado no es capaz de destruir a *L. monocytogenes* pero parece que los niveles de contaminación son contenidos o disminuyen. Whiting y Masana (1994) hallaron una reducción de 4 ciclos logarítmicos de *L. monocytogenes* en experimentos con un producto tipo salami, aunque parece relacionado con las altas temperaturas de fermentación empleadas en los productos tipo salami elaborados en los Estados Unidos.

Aunque los factores precisos que controlan a *L. monocytogenes* en un salami o un producto cárnico crudo curado no son comprendidos del todo, es importante reconocer que los cambios químicos y microbiológicos que tienen lugar en estos procesos pueden tener un efecto inhibidor. En consecuencia, la comprensión y el seguimiento próximo de los cambios que ocurren en cualquier proceso concreto son importantes ya que cualquier desviación del perfil normal del proceso puede dar lugar a un producto inseguro.

Los perfiles bien controlados de fermentación y de secado parecen ser los factores de mayor importancia en el mantenimiento de la seguridad del producto. Sin embargo, como es posible que *L. monocytogenes* sobreviva al procesado, es necesario controlar la contaminación cruzada del producto final, de forma particular en las operaciones de loncheado en las que una contaminación intensa de un producto puede conducir a su diseminación a otros. Los factores ya descritos para el control de la contaminación ambiental en los productos cárnicos cocidos y cortados a lonchas se aplicarían del mismo modo para su control durante la operación de loncheado de los salamis y las carnes curadas. Sin embargo, como el producto final no permite, por sí mismo, el crecimiento *de L. monocytogenes,* debe tenerse cuidado en evitar una excesiva limpieza en húmedo y todos los restos del producto deben ser retirados de forma efectiva antes de las operaciones de desinfección. Un fallo en la retirada de los restos del producto humedecidos podría ser más peligroso que la falta total de limpieza, ya que como la naturaleza inhibidora de los restos del producto disminuye debido a la humedad añadida, se aportan las condiciones para que prolifere cualquier contaminante que se halle presente en el producto en bajos niveles.

Normalmente, los salamis son fermentados y desecados mediante su sujeción a bastidores con la cuerda utilizada para atar la masa cárnica en la tripa. Esto asegura un flujo libre de aire y permite una pérdida efectiva de humedad. Como se encuentran expuestas por completo durante el todo proceso, existe una posibilidad importante de que se contamine a partir del ambiente durante este proceso. Sería muy fácil trabajar bajo unas normas de higiene «relajadas» con productos tradicionales como estos si pensamos que el riesgo que presenta la materia prima es mayor que el del ambiente, dando en consecuencia, menos importancia al control del ambiente. Sin embargo, ésta es una creencia errónea y debe prestarse atención a la desinfección y limpieza regulares de todos los ambientes del proceso para prevenir el asentamiento de contaminantes.

A algunos salamis se les añaden hierbas o especias tras los procesos de fermentación y secado. Esta operación se realiza mediante el baño del salami en gelatina y el uso de ésta para unir la mezcla de especias a la

Tabla 4.11 Encuesta sobre *L. monocytogenes* en productos cárnicos fermentados y desecados listos para comer procedentes de puntos de venta (Adaptado de Anon., 1997e).

Origen del producto	*Número de muestras*	*Listeria spp* (en 25 g)*	*L. monocytogenes (en 25g)*	*L. monocytogenes (log $_{10}$ por gramo)*
Alemania	131	11	8	< 2,0
Dinamarca	104	1	1	< 2,0
Italia	78	8	4	< 2,0
Otros†	142	4	2	< 2,0

* Incluyendo *L. monocytogenes*
† Otros incluyen a España, Francia, Holanda, Bélgica, Hungría, Polonia, República Checa, Reino Unido y fuentes desconocidas.

superficie externa. Naturalmente, debe considerarse la potencial contaminación de esta materia prima, aunque en esta fase, es improbable que cualquier contaminación bacteriana crezca en el alimento. No obstante, es necesario asegurar un control adecuado.

Cuestiones relacionadas con el producto final y su control

L. monocytogenes no puede crecer en la mayoría de salamis y productos cárnicos crudos curados ya que la actividad de agua es frecuentemente < 0,92, por debajo del mínimo de crecimiento para este microorganismo. Las circunstancias de que el procesado pueda disminuir los niveles de contaminación y de que el producto acabado no favorezca el crecimiento, probablemente intervengan en el hecho de que todavía no se halla atribuido ningún brote de listeriosis a este tipo de productos. Como la baja actividad de agua de estos productos es un factor crítico en el control del crecimiento de *L. monocytogenes* y otras bacterias patógenas, es esencial que las condiciones de almacenamiento a lo largo de su vida prevengan una posible contaminación con humedad, por ejemplo, a través de la condensación, la cual podría aumentar la actividad de agua local a un nivel que permitiese el crecimiento de estos microorganismos.

Las encuestas realizadas sobre salamis y carnes crudas curadas revelan frecuentemente una contaminación del producto final. Jay (1996) halló una incidencia variable de *L. monocytogenes* en estos productos que osciló de un 0 a más del 50%. Un trabajo reciente llevado a cabo en el Reino Unido por el MAFF (Anon., 1997e) indicó una alta incidencia de *L. monocytoge-*

nes en salamis y carnes crudas curadas (Tabla 4.11). Las muestras constaban de todo tipo de productos importados, incluyendo salami alemán, salami de Milán, jamón de Parma, etc. Aunque se detectaron especies del género *Listeria* en 24 de las 455 muestras, de las cuales 15 correspondían a *L. monocytogenes,* todas las muestran dieron recuentos de < 100 por gramo, lo que indica el efecto de control sobre el crecimiento inherente a las características físico-químicas de estos productos.

POSTRES LÁCTEOS FRESCOS PROCESADOS

Descripción del proceso

Los postres lácteos procesados incluyen una variedad muy amplia de tipos de productos tanto frescos como congelados, por ejemplo, postres rellenos de nata, pasteles de nata, bizcochos borrachos, «mousses» adornadas con nata, postres helados y muchos productos similares. De gran riesgo en relación a *L. monocytogenes* son aquellos productos que son objeto de una contaminación post-procesado y tienen tiempos de conservación prolongados a temperaturas de refrigeración. Los postres lácteos son consumidos por todos los sectores de la sociedad, pero son especialmente apreciados por los niños.

Con la excepción de los quesos frescos y la leche pasterizada, el resto de productos lácteos presentan un excelente historial de seguridad respecto a la listeriosis. El único incidente registrado asociado a otros productos lácteos tuvo lugar en Bélgica donde se asoció la listeriosis al consumo de helado elaborado con nata fresca en un restaurante (McLauchlin, 1996). Como para los platos preparados, esta baja asociación con la listeriosis probablemente se relaciona con el hecho de que los postres lácteos frescos normalmente tiene un tiempo de conservación extremadamente corto de menos de 5 días debido a la alteración del producto por parte de otros microorganismos contaminantes.

Los procesos de elaboración de los postres lácteos varían considerablemente, desde la producción automatizada de «mousses» tratadas a temperaturas ultra-elevadas (UHT) que son envasadas en condiciones asépticas, a la decoración manual de bizcochos borrachos con nata (Fig. 4.7). En la mayoría de los casos, el principal ingrediente de importancia es la nata fresca y la mayoría de obradores de pastelería compran la nata a un fabricante, el cual habitualmente suministra nata pasterizada a granel. Normalmente, la nata tiene un tiempo de conservación en refrigera-

Fase del proceso	Consideraciones
Entrada de las materias primas procesadas, incluyendo la nata ↓	Aseguramiento de la calidad del suministrador (separación crudo/cocido por parte del suministrador separación crudo/cocido en la llegada)
Almacenamiento de los materiales ↓	Separación Higiene Temperatura Tiempo
Mezclado ↓	Temperatura Higiene Tiempo
Llenado/ensamblaje del producto ↓	Temperatura Higiene Tiempo
Decoración con nata ↓	Temperatura Higiene
Almacenamiento ↓	Temperatura Tiempo
Distribución ↓	Temperatura Tiempo
Venta al por menor	Temperatura Tiempo de conservación

Figura 4.7 Diagrama de flujo y consideraciones técnicas del procesado de un postre lácteo fresco típico.

ción de 10-12 días y a menos que se aplique un tratamiento térmico posterior u otro factor de control, por ejemplo la fermentación, entonces el tiempo de conservación del producto fresco acabado no debe superar el de la nata. Naturalmente esto restringe el periodo de conservación del postre, normalmente de 5-7 días.

Los postres lácteos frescos contienen una variedad de otros ingredientes, por ejemplo frutos secos, fruta, galleta u otros componentes de panadería, pero la nata es el principal componente de preocupación respecto de un riesgo potencial causado por *L. monocytogenes,* que puede contaminar y crecer en el alimento. Cualquier control aplicable a postres lácteos que contengan nata se aplicaría del mismo modo a cualquier postre lácteo en el que el producto final favorezca el crecimiento de *L. monocytogenes*.

La nata es almacenada en refrigeración hasta que es necesaria para la producción. Dependiendo del producto, el contenedor de nata a granel puede estar conectado a una bomba y la nata puede ser bombeada directamente a unos depósitos para su aplicación automática al postre. De modo alternativo, puede decantarse a los contenedores de unas máquinas que batirán la nata, tras lo cual ésta es retirada para su aplicación en la superficie del postre o pastel, bien manualmente mediante mangas pasteleras o bien de modo semi-automático con máquinas que la dosifiquen. Para muchos productos, la nata es bombeada dentro de un recipiente y mezclada con otros ingredientes como flavorizantes y espesantes para hacer una «mousse» o postres lácteos con frutas y, en su forma más simple, puede batirse manualmente y aplicarse también de forma manual, en la superficie de un bizcocho borracho o algún otro postre similar.

Los productos pueden ser elaborados en condiciones de refrigeración, en salas de producción mantenidas a menudo alrededor de 12°C y tras su fabricación son envasados y refrigerados con aire forzado para su posterior venta.

Cuestiones relacionadas con la materia prima y su control

Aunque una gran variedad de postres lácteos contienen masa de pastelería, flavorizantes, leche desnatada, suero en polvo, agua, azúcares, frutas, frutos secos, etc., el principal ingrediente de riesgo es la nata.

La nata se elabora a partir de leche entera mediante un proceso de separación. La leche es sometida a un proceso de pasterización de aproximadamente 74°C durante 15 s que es efectiva en la destrucción de *L. monocytogenes* y si se aplica correctamente se obtendrá un producto libre de contaminación con *Listeria*. El proceso de elaboración de la nata está muy automatizado, realizándose la pasterización y el llenado en un sistema de condiciones cerradas con pocas posibilidades de contaminación. Sin embargo, es importante recordar que la pasterización de la leche es igualmente simple con, aparentemente un riesgo muy bajo de contaminación, pero que se han registrado dos brotes de listeriosis cuando se ha producido una pasterización incorrecta o una contaminación tras el procesado. Por consiguiente, la integridad del equipo de pasterización y de todos los recipientes y tuberías tras la fase de pasterización deben ser sometidos a un escrutinio cuidadoso, como parte del programa de aseguramiento de la calidad del proveedor para cualquier fabricante de un postre lácteo. Esto debe extenderse a los procedimientos en marcha para controlar la integridad de la pasterización, incluyendo el funcionamiento y mantenimiento de la válvula de desvío. Además, deben realizarse chequeos para asegurar que la leche o nata pasterizadas de forma incorrecta sean separadas con seguridad del producto pasterizado correctamente. También, es esencial el seguimiento de la integridad del pasterizador realizando chequeos rutinarios de los intercambiadores de placas. Aunque no es un control, es una práctica común por parte del suministrador de nata, el analizar la presencia de *L. monocytogenes* en nata pasterizada y proporcionar una certificación adecuada al cliente, aunque como muchas de las pruebas microbiológicas, esta información es retrospectiva.

Trabajos publicados a cerca de *L. monocytogenes* en nata indican una incidencia muy baja. Kozak *et al.* (1996) no detectaron ninguna especie del género *Listeria* en 33 muestras de nata batida o en 19 muestras de nata normal con sólo 2/350 muestras de leche entera pasterizada que presentaban *L. monocytogenes*. Kozak concluye que la contaminación de productos lácteos acabados tiene lugar debido a una contaminación tras la pasterización a partir de fuentes ambientales, que es sin duda este caso. En consecuencia, es probable que la nata u otros productos lácteos pasterizados recibidos por los reposteros, rara vez estén contaminados con *L. monocytogenes* y por consiguiente deben realizarse todos los esfuerzos para procesar este material de modo que nos aseguremos que permanezca en este estado.

Muchos fabricantes compran nata a granel e ingredientes lácteos y los utilizan durante un periodo de unos pocos días. En tales circunstancias, es esencial que el sistema de procesado por el cual la nata es retirada del contenedor a granel, se mantenga en condiciones asépticas ya que una contaminación de la válvula de salida del recipiente de la nata o de la tapa y el cierre permitiría la colonización y proliferación de los microorganismos contaminantes. Esto es, en efecto, cierto para cualquier producto que se mantenga en grandes recipientes cuando sólo una parte es retirada para la producción. La limpieza y desinfección de la válvula de salida es crítica para evitar la colonización microbiana y es un área que muchos fabricantes a menudo pasan por alto.

Cuestiones relacionadas con el procesado y su control

La nata como ingrediente a su llegada, rara vez es la causa de contaminación, la principal ruta de contaminación de los postres lácteos es a través de una contaminación cruzada a partir del personal, el equipo de producción o el ambiente. En los tratamientos UHT en los que el producto es envasado de forma aséptica, hay muy pocas oportunidades para que se produzca la contaminación; por consiguiente, si el tratamiento térmico y la planta de envasado aséptico son mantenidas en condiciones adecuadas, *L. monocytogenes* supone un pequeño riesgo para el producto. En los productos frescos en los que la nata o la leche se mezclan con otros ingredientes, probablemente el mayor riesgo surge del equipamiento con una limpieza y desinfección deficientes. Con frecuencia, las cuchillas de las mezcladoras, junto con los cierres de las válvulas y con los bordes de las tapas son zonas que reciben una atención inadecuada durante la limpieza. De hecho, si estos componentes están bajo un control higiénico efectivo, los productos sometidos a mezclado automático y aplicados directamente a los tarros u otros recipientes tendrán sólo un menor riesgo de contaminación.

Muchas de las operaciones de este tipo a menudo se describen como «llenado limpio», es decir, existen pocas oportunidades de contaminación debido al grado de automatización y la mayor parte del producto está expuesto únicamente al interior de tubos y recipientes, con una única ocasión de contaminación a partir del ambiente que aparece entre la cabeza de llenado y el envase. Ya que en este tipo de equipos se realizan sistemas de limpieza efectivos *in situ,* este tipo de productos son menos propensos a la contaminación por microorganismos alterantes, de este modo se permite un tiempo de conservación mayor que el de muchos otros productos lácteos que pueden contaminarse tras el procesado más fácilmente con otros microorganismos contaminantes gram-negativos, que pueden alterar el producto en varios días. Como consecuencia, si *L. monocytogenes* tiene acceso a postres con un tiempo de conservación más largo y si las características del producto final favorecen su crecimiento, con pocos competidores en el producto, podría crecer sin ningún estorbo. Muchos productos, como las «mousses», entran dentro de esta categoría y la limpieza y desinfección del equipo son críticas para su seguridad.

Deben aplicarse procesos de limpieza efectivos a los contenedores, tuberías y válvulas. Es esencial una inspección regular de la integridad de los tanques y de los cierres para evitar incidentes similares a los que ocurrieron en el brote en leche chocolateada descrito en el Capítulo 2.

Los productos expuestos a un gran riesgo de contaminación son aquellos postres rellenos de nata que sufren una gran manipulación. Los productos como las tartas de nata y los bizcochos borrachos cubiertos con nata, a menudo son elaborados de forma semi-automática utilizando má quinas que depositan la nata dentro o sobre el producto. El tipo de equipamiento empleado para rellenar estos productos es relativamente complejo y requiere de una limpieza manual; cualquier circunstancia de esta naturaleza siempre representa riesgo microbiano potencial mayor.

Es necesaria una atención minuciosa para la eliminación de los restos de producto y la limpieza y descontaminación efectivas de las superficies en contacto con el producto en la máquina de nata junto con las áreas alrededor del obturador del eje por donde se puede filtrar la nata. Además, muchas de las máquinas semi-automáticas o automáticas para el batido y aplicación de la nata arrastran normalmente cantidades importantes de aire provenientes de ambiente y las incorporan al producto. Algunos de estos diseños arrastran el aire cercano al suelo sin filtro microbiano alguno; esto supone un riesgo obvio de contaminación para el producto. Un emplazamiento seguro del aporte de aire y unos procedimientos de filtrado y limpieza del aire para estos sistemas, son críticos para evitar un flujo continuo de contaminación microbiana, que, por supuesto, puede incluir a *L. monocytogenes*. De nuevo, la naturaleza manual de muchas de estas operaciones de producción pueden causar problemas debidos a una mala higiene personal o a malos procedimientos de limpieza del equipo. Cada utensilio u operación manual con probabilidad de entrar en contacto directo con el producto debe ser identificada y llevar a cabo frecuentes procedimientos de limpieza y desinfección tanto para la plantilla como para el equipo.

A menudo se utilizan palas y otros utensilios que pueden dejarse en el ambiente de producción en lugar de ser enjuagados rápidamente y colocados en tanques de higienización hasta su próximo uso. Los tanques de higienización deben ser del tamaño suficiente para contener a todos los utensilios para los que son requeridos, de manera que se evite una sobrecarga y todos los utensilios estén sumergidos y en contacto directo con la solución esterilizante. Los tanques de higienización deben vaciarse y limpiarse regularmente y las disoluciones ser sustituidas de forma regular para prevenir un posible asentamiento de suciedad. Los utensilios deben enjuagarse y lavarse antes de ser colocados en la solución higienizante. Esto también previene la formación de suciedad.

Cuestiones relacionadas con el producto final y su control

Como se ha mencionado anteriormente, el alcance del riesgo asociado a estos productos involucra varios factores. Entre estos factores se encuentran la posibilidad de una contaminación cruzada, la posibilidad de crecimiento en el producto y el tiempo de conservación, durante el cual puede tener lugar el crecimiento de *L. monocytogenes*. En los postres lácteos frescos, la industria ha sido afortunada en el sentido de que el tiempo de conservación está dictado en su mayor parte por la higiene en la elaboración del producto. Esto es debido a que una mala limpieza que conduce a una contaminación tras el procesado que introducirá probablemente microorganismos psicrótrofos gram-negativos, tales como especies del género *Pseudomonas,* que pueden, de hecho, alterar estos productos antes de que *L. monocytogenes* sea capaz de crecer hasta niveles peligrosos. Los procesos que por su naturaleza son llevados a cabo con estándares higiénicos elevados que aseguran que la contaminación tras el procesado es mínima, han conducido a productos a los que se les da un tiempo de conservación más prolongado. Por supuesto, estos elevados estándares higiénicos normalmente también previenen de la contaminación por especies patógenas del género *Listeria.* Es incuestionable que una vez introducidos en muchos de los postres lácteos frescos, que tienen un pH neutro y actividades de agua muy altas (0,98-0,99) la disponibilidad de nutrientes podría permitir un crecimiento significativo de *L. monocytogenes.*

No se han realizado trabajos amplios sobre la incidencia de *L. monocytogenes* en postres lácteos. Sin embargo, McLauchlin y Gilbert (1990) hallaron *Listeria* spp. en 6/116 (5%) de muestras de nata, ninguna de las cuales correspondía a *L. monocytogenes.* De las muestras de helado 23/274 (8%) contenían *Listeria* spp. de las cuales 17 (6%) correspondía a *L. monocytogenes.* De 135 muestras de otros alimentos que contenían productos lácteos, 23 (17%) estaban contaminadas con *Listeria* spp. con 3 (2%) muestras que presentaban *L. monocytogenes.* Un (12/172) 7% de muestras de postres presentaban *Listeria* spp. con 5 (3%) que contenían *L. monocytogenes.* Las incidencias halladas en este trabajo son comparativamente altas, al compararlas con la conocida reducción en la incidencia que había tenido lugar en los postres lácteos que contienen nata en los últimos años. No obstante, parece claro que este tipo de productos aparecerá contaminado con *L. monocytogenes* de vez en cuando y es importante que exista un sistema en marcha para prevenir la contaminación. Junto con el tiempo de conservación normalmente limitado de estos productos, el riesgo que presenta para los consumidores de un peligro de *L. monocytogenes* en postres lácteos frescos puede mantenerse muy bajo.

CONTROL GENÉRICO DE *LISTERIA*

Materia prima identificada como un peligro potencial

Si es probable que la materia prima esté contaminada con *L. monocytogenes* y no existe ningún proceso posterior que la reduzca a un nivel aceptable, es decir, una cocción, entonces el control de la materia prima es absolutamente esencial. En la mayoría de los casos las materias primas no están bajo el control directo de los fabricantes del producto. A menudo ocurre esto con la leche cruda utilizada para fabricar quesos a partir de leche cruda, la carne cruda utilizada en los salamis, el salmón para elaborar salmón ahumado y así sucesivamente. En tales circunstancias, es absolutamente esencial llevar a cabo un programa de aseguramiento del proveedor. Estos programas requieren como mínimo lo siguiente.

1. *El usuario de la materia prima debe tener una comprensión detallada del proceso de producción de la materia prima y conocer los puntos de control críticos o aquellas fases del proceso que influyen sobre el control del riesgo*

El conocimiento de los procesos llevados a cabo en la producción de la materia prima es crítico para la seguridad última del producto final ya que la seguridad de la materia prima puede ser, de hecho, la fase más importante en el proceso completo de producción. Sin un conocimiento fehaciente de este, es difícil ver como un fabricante que utiliza una materia prima puede establecer un juicio respecto a qué proveedores de materia prima ofrecen un producto de mayor calidad o incluso como su propia manipulación de la materia prima durante la fabricación puede influir en su posterior seguridad. Por ejemplo, sin conocer como *L. monocytogenes* puede acceder al suministrador de leche cruda, cualquier intento de revisar el nivel de control que un proveedor de leche cruda puede estar realizando para prevenir su acceso durante el ordeño o el almacenamiento en tanques en la granja, queda excluido.

2. *Auditar que el proveedor de materias primas revise el control del proceso*

Claramente, con materias primas críticas es esencial que se establezca un programa de auditoría al proveedor para evaluar el control del peligro en cuestión, por ejemplo, *L. monocytogenes*. Tal tipo de auditoría necesita ser realizada a intervalos regulares y debe enfocarse hacia aspectos que tengan un impacto sobre el control del peligro específico. En muchos casos, estas auditorías pueden ser llevadas a cabo por terceras partes, pero se les debe dar a éstas unos objetivos y campos de aplicación definidos y ambas partes deben comprometerse a efectuar cualquier acción que surja a partir de estas revisiones. Los fabricantes de productos cárnicos crudos fermentados, por ejemplo, deben llevar a cabo evaluaciones regulares de los proveedores de materia prima, que son normalmente mataderos y salas de despiece, enfocadas al procesado higiénico. Puede obtenerse una gran diferencia en la incidencia de *L. monocytogenes* mediante la selección de proveedores de materia prima que trabajen con elevados estándares higiénicos, aunque sea imposible eliminar el peligro por completo. Los intentos fructíferos de controlar *L. monocytogenes* en esta fase pueden tener un impacto mayor tanto en el grado de exposición general de la comunidad como en los niveles de exposición a los propios individuos.

3. *Controles de verificación de la materia prima*

Además de las auditorías a los proveedores, el fabricante del producto debe controlar la calidad de las materias primas que le llegan. Con materias primas críticas, es importante el revisar la incidencia y cantidades de *L. monocytogenes,* aunque puede resultar de utilidad el uso de indicadores más amplios de un procesado higiénico como especies del género *Listeria* o incluso la contaminación por *Escherichia coli* o coliformes.

Para proveedores de leche cruda a una industria láctea, puede ser importante revisar la calidad de la materia prima de cada granja suministradora y así, se lleva a cabo normalmente el control de la carga microbiana en muestras tomadas fuera de la granja y enviadas al fabricante. En algunos casos se aplican planes de incentivos de pago basándose en el nivel el carga microbiana el la leche cruda. Este tipo de plan fue llevado a cabo durante muchos años por la Lonja de Comercio de Leche (Milk Marketing Board) en el Reino Unido. Las granjas que producían leche de mala calidad eran penalizadas y recibían menos dinero por volumen de leche, mientras que las granjas con bajos recuentos bacterianos recibían una bonificación por su mayor calidad. Este tipo de plan también está funcionando para los proveedores de leche cruda para elaborar quesos a partir de leche cruda en el continente europeo y se admite que este tipo de planes puede influir de forma positiva en las normas de operación higiénica en el proceso primario.

4. *Especificaciones convenidas con el suministrador de materias primas*

Uno de los aspectos más importante de los esfuerzos para controlar la seguridad de las materias primas problemáticas es una comprensión por ambas partes de la necesidad de que existan los estándares de calidad más altos en la producción de la materia prima. Tal entendimiento sólo puede venir de diálogos abiertos entre las dos partes, poniendo un énfasis particular al proveedor en que la materia prima es utilizada en la fabricación de productos de alto riesgo. Los detalles de qué o lo que se espera por ambas partes se encuentran mejor documentados normalmente, en una especificación de producto, firmada y acordada por el vendedor y por el comprador.

5. *Condiciones de almacenamiento y uso de la materia prima*

En todos los casos, las materias primas perecederas deben mantenerse a la temperatura más fría posible para prevenir cualquier aumento de la cantidad de *L. monocytogenes* que pueda estar presente y la materia prima debe ser utilizada en el periodo de tiempo más corto que sea posible. Naturalmente, éste sería el caso de la leche cruda, el pescado, la carne y la carne de aves ya que serían objeto de alteración microbiana si sufriesen un abuso de temperaturas o un almacenamiento en refrigeración prolongado.

La tendencia a utilizar envasados modificados, por ejemplo, envasado al vacío, para prolongar el tiempo de conservación en refrigeración de los productos crudos como pescado, carne y hortalizas, plantea el dilema de que mientras las condiciones pueden prevenir del crecimiento de bacterias alterantes típicas como las especies del género *Pseudomonas,* podrían, no obstante, permitir el crecimiento de *L. monocytogenes,* si estuviese presente. Los peligros potenciales que presenta cualquier modificación en las condiciones de almacenamiento de estas materias primas críticas pueden ser considerados en un análisis de riesgos del producto. Un ejemplo de los problemas que pueden surgir en ausencia de estos controles es el brote con la ensalada de col ya descrito (Capítulo 2).

En la mayoría de los casos, el almacenamiento de la materia prima durante periodos prolongados a temperaturas ligeramente por debajo de la de congelación (0 a –2°C), sería suficiente para prevenir cualquier aumento significativo en los niveles de *L. monocytogenes* presente, y tales temperaturas se emplean a menudo para el almacenamiento y transporte de pescado, carne y hortalizas.

Procesos incorporados a la producción para disminuir el nivel de contaminación o eliminar el riesgo

En muchos de los productos participantes en la fabricación de alimentos, *L. monocytogenes* puede estar presente en la materia prima, pero se aplica un proceso para reducir el riesgo o eliminarlo por completo. En tales productos, el control clave debe ser efectuado en la fase en la que se aplica el proceso frente a *Listeria*. Ejemplos de estas etapas incluyen a:

- tratamiento térmico en platos preparados cocinados, productos cárnicos cocidos, pescado ahumado en caliente, etc.,
- procesos de pasterización /UHT para la leche destinada a fabricar quesos, yogures y postres lácteos,
- la cloración de hortalizas para elaborar hortalizas y ensaladas listas para comer,
- fermentación y secado de salamis y productos cárnicos crudos curados,
- fermentación y maduración en los quesos de pasta dura.

Como parte de cualquier análisis de riesgos del proceso de producción, deben identificarse los puntos de control críticos que, mantenidos bajo un control y seguimiento adecuados, mantendrán la seguridad del producto. A menos que se ejerza un control suficiente para asegurar que, en un punto de control crítico existente, el proceso se realiza de forma efectiva, la seguridad posterior del producto puede verse comprometida. Uno de los aspectos clave que debe conocerse en estas etapas son los requerimientos mínimos del proceso para asegurar la reducción del riesgo a un nivel aceptable.

En el ejemplo de un producto con una fase de cocción, es esencial que se definan los tiempos y temperaturas de cocción que deben alcanzarse para asegurar la destrucción del peligro. Para los productos cárnicos cocidos, debe de ser de 70°C durante 2 min o una combinación tiempo/temperatura equivalente; para la leche pasterizada debe de ser de 71,7°C durante 15 s. Normalmente éstas se consideran como las temperaturas por debajo de las cuales, el producto puede ser inseguro. Pueden diseñarse sistemas y trabajar para asegurarse de que no es posible que los productos no alcancen la temperatura requerida para su procesado en todos los puntos del alimento. De este modo, en muchos casos, los procesos son diseñados con la inclusión de un margen de seguridad, utilizando temperaturas ligeramente superiores o tiempos ligeramente más prolongados que los mínimos requeridos. Si los sistemas de control del proceso están diseñados utilizando niveles objetivos y límites críticos, este último como se define el los documentos del Codex (Anon., 1996c) entonces, en las condiciones en las cuales el proceso empieza a caer por debajo del nivel objetivo es posible realizar una acción para rectificar el proceso y volverlo a llevar al objetivo, o superarlo, antes de alcanzar el límite crítico. Esto evita la pérdida de tiempo y costes de producción asociadas aun fallo del procesado.

Es importante asegurarse de que cualquier sistema diseñado para reducir la contaminación esté basado en un conocimiento sólido del posible impacto de los cambios de las condiciones de la materia prima sobre la subsiguiente eficacia del proceso. Por ejemplo, en la cocción de las gambas mediante un sistema de inmersión, el proceso normalmente es llevado a cabo mediante la inmersión de las gambas crudas en el agua caliente durante un cierto periodo de tiempo y seguido por en enfriamiento. El control del proceso es llevado a cabo mediante el aseguramiento de que la temperatura del agua antes de la inmersión esté por encima de un valor determinado y que el tiempo de residencia de las gambas en el agua supere un cierto tiempo. Sin embargo, la eficacia de este proceso dependerá de variables tales como la temperatura y el tamaño de las gambas crudas. Si algunas gambas son más grandes que las utilizadas originariamente para calcular los tiempos y temperaturas del procesado, el proceso utilizado puede ser insuficiente para que se alcance la temperatura adecuada en toda la gamba. Así mismo, si el proceso se estableció para gambas que entran al agua a una temperatura de 4-5°C, pero un lote es cocido con una temperatura de entrada de 0-1°C, entonces probablemente no se alcanzará una cocción completa con este procesado.

Tales problemas no ocurren cuando se llevan cabo procedimientos correctos basados en análisis de riesgos y control de puntos críticos ya que se identificarán las características relevantes de la materia prima para su seguimiento y documentación. Con frecuencia, han sido en situaciones de brotes de intoxicaciones alimentarias en las que se han pasado por alto cuestiones relativamente simples como éstas, debido a la presión de que el producto fabricado se ajuste a calendarios rígidos para su distribución o debido a una ignorancia fundamental de la importancia de la materia prima y el control del proceso para la seguridad del producto final.

Para la pasterización de la leche, tanto las temperaturas del proceso como del producto son controladas de manera que una pasterización inadecuada es normalmente, poco frecuente. Además, los pasterizadores normalmente se ajustan para que desvíen automáticamente la leche del producto tratado si no se alcanza la temperatura, objetivo o crítica. El uso de sistemas de desviación manual en los pasterizadores debe de ser cuidadosamente controlado ya que su mala utilización puede conducir a que la leche impropiamente pasterizada se envíe hacie adelante durante los periodos de desvío manual.

En los procesos en los que el efecto listericida es menos pronunciado, pero en los que el control, no obstante, es importante por su contribución a la seguridad del producto final, todavía es esencial utilizar procesos de control similares. Por ejemplo, la cloración de ensaladas y verduras para su uso en platos preparados listos para comer no está reconocida como causante de una disminución importante de los niveles de *L. monocytogenes*. Sin embargo, reduce los niveles de contaminación en uno o más órdenes de magnitud (Zhang y Farber, 1996) y como tal debe de ser controlada de forma efectiva. El uso de tanques comunes de agua clorada a granel para llevar a cabo el lavado puede representar, en sí mismo, una oportunidad mayor para extender una contaminación cruzada a otras ensaladas y verduras si los niveles de cloro no se mantienen de forma adecuada. En tales circunstancias, el control de los niveles de cloro es esencial y es recomendable el uso de sistemas de dosificación continuos, con controles frecuentes de los niveles de cloro libre en disolución. Para una mejor eficacia en la reducción de la carga microbiana, el pH del agua de tratamiento clorada debe mantenerse entre 6 y 7. Además, el tiempo de contacto con el producto y la naturaleza de cualesquiera de los sistemas utilizados para facilitar el contacto, por ejemplo, inmersión y agitación, son puntos importantes que garantizan el control y seguimiento.

Cuando el control se ejerce mediante la fermentación y el desecado, es igualmente importante que los perfiles de fermentación y desecación establecidos para asegurar el control del riesgo, estén efectivamente controlados y se adapten para los lotes posteriores. Es común para la mayoría de productos fermentados y desecados, como los salamis o los quesos, que se controle el proceso en base a tiempos de procesado, temperaturas y humedad cuando éstas sean relevantes. De nuevo, tales parámetros del proceso no reflejan necesariamente los factores que controlan a *L. monocytogenes* en el producto y es necesario considerar las características específicas del producto. En consecuencia, si normalmente se espera que a partir de una leche se obtenga una cuajada ácida tras la incubación con un cultivo iniciador durante un periodo de tiempo definido a una temperatura apropiada, es esencial un seguimiento de la actividad del estárter en el producto determinando, el descenso del pH o el incremento de la acidez. De esta manera, cualquier factor que interfiera con la actividad del cultivo iniciador y por consiguiente en la seguridad del producto, se pondrá de manifiesto en los cambios en el perfil de la fermentación. Esto se aplica también al descenso del pH o la pérdida de humedad en la fabricación de salamis.

Para la fabricación segura de un alimento es muy importante identificar de manera clara que es lo que controla el peligro, esto es, *L. monocytogenes,* y también cuáles son los límites del proceso que permiten un control efectivo. La ubicación del salami o del producto cárnico crudo curado en la cámara de secado puede influir en su velocidad de fermentación o desecación. La posición de un producto cárnico cocido en un horno puede influir en la consecución del tratamiento térmico deseado. Estos factores deben ser tenidos en cuenta a la hora de diseñar un proceso seguro antes de que se lleve a cabo producción alguna.

El producto podría recontaminarse con *L. monocytogenes* mediante una contaminación tras el procesado

Está claro que las especies del género *Listeria* se encuentran ampliamente distribuidas y si se expone un producto procesado al equipamiento, personal o al ambiente antes de ser envasado, existe la posibilidad de que ocurra una contaminación. El grado de que esto realmente suponga un riesgo depende de si el producto permite el crecimiento del microorganismo o no. La Tabla 4.12 resume las fuentes potenciales de contaminación de *Listeria* spp. y *L. monocytogenes* y las áreas de producción de alto riesgo junto con los controles que pueden aplicarse para minimizar la contaminación a partir de estas fuentes.

Contaminación post-procesado pero sin crecimiento posterior

En los productos en los que el crecimiento de *L. monocytogenes* es poco probable que ocurra debido a la presencia de compuestos inhibidores, el interés primario es la prevención de que se produzcan altos niveles de contaminación cruzada que, por mera supervivencia, podrían presentar un riesgo para el consumidor. Alimentos de este tipo engloban a los quesos de pasta dura, como el Cheddar y el Edam, alimentos desecados y yogures. Aquí, el riesgo aparece proveniente del entorno de producción, donde *Listeria* puede colonizar y proliferar, debido a una posible «autosuficiencia» porque el producto acabado no favorece el crecimiento del microorganismo. En la mayoría de los casos, las normas básicas de buena fabricación y unas buenas prácticas higiénicas reducirían al mínimo cualquier riesgo asociado a este tipo de productos. Sigue siendo importante, incluso en estas fábricas, un conocimiento de dónde pueden colonizar y crecer las especies del género *Listeria* hasta niveles elevados y asegurar el seguimiento de planes de limpieza efectivos para el equipo de producción y el ambiente, especialmente en las áreas identificadas como de riesgo concreto.

Contaminación post-procesado y crecimiento posterior

La mayor necesidad de control en el ambiente de procesado se dan en los productos expuestos a una contaminación post-procesado en los que las condiciones que prevalecen en el producto permiten un amplio crecimiento del microorganismo contaminante. En tales circunstancias es absolutamente esencial controlar la presencia y asentamiento de *Listeria* en el ambiente; los planes de limpieza e higiene deben enfocarse hacia el requerimiento de eliminar a *Listeria* de las áreas clave del entorno.

Tabla 4.12 Algunos planteamientos acerca del control de *L. monocytogenes* en los ambientes de fabricación.

Área	*Problemas*	*Controles*	*Información adicional*
Suelos	Áreas dañadas que pueden actuar como trampas o reservorios para residuos y agua (charcos), permitiendo la multiplicación de *Listeria* spp.	Reparar el daño. Minimizar el uso de agua retirar el exceso de agua superficial. Recubrir el suelo si es necesario	Todas las superficies del suelo deben mantenerse en un buen estado, incluyendo las zonas encaladas y juntas de expansión. Los suelos deben mantenerse secos siempre que sea posible; en cualquier caso no debe permitirse que permanezca agua en exceso. Todos los suelos deben estar incluidos en los planes regulares de limpieza
Sumideros	Áreas dañadas que pueden actuar como trampas o reservorios para *Listeria* spp.	Reparar el daño	El flujo al sumidero debe diseñarse de tal manera que se evite cualquier posible conexión contaminante entre áreas de alto y de bajo riesgo, por ejemplo, asegurando que el drenaje salga del área de riesgo. Todos los sumideros deben de mantenerse en un buen estado y estar construidos de manera que sean de fácil acceso para su limpieza y mantenimiento. Todos los sumideros deben estar incluidos en los planes regulares de limpieza
	Restos de producto atrapados tras la cubierta del desagüe	Retirar siempre la tapa del sumidero durante la limpieza y limpiarlo manualmente	
	Líquido rebosando/embozado del sumidero que da lugar a un exceso de agua que inunda el ambiente de producción	Detener la producción en esa área, eliminar el atasco (no con una manguera a presión) y limpiar y desinfectar el área de producción antes de volver a empezar	

Tabla 4.12 *(Continuación).*

Área	*Problemas*	*Controles*	*Información adicional*
Techos, paredes y sistemas colocados en alto, por ejemplo tuberías, conductos y torres	Áreas dañadas que pueden actuar como trampas para residuos y bacterias y fuentes de contaminación para el ambiente de producción	Reparar el daño. Deben realizarse planes de limpieza apropiados para todas las instalaciones colocadas en alto y las superficies de techos y paredes	Todas las superficies de techos y paredes deben mantenerse en buen estado incluyendo las uniones. Donde sea posible, debe minimizarse la exposición de las instalaciones colocadas en alto dirigiendo las tuberías por encima del techo o canalizándolas en el interior de revestimientos construidos de manera adecuada, permitiendo su acceso para su mantenimiento y limpieza adecuados
Equipo de limpieza, por ejemplo, cepillos, aspiradores, fregonas, escobillas, cubos	Asentamiento de la contaminación dando lugar a fuentes con un elevado número de *Listeria* spp.	Todo el equipo de limpieza debe limpiarse tras su uso y almacenado seco o inmerso en un baño higienizante	El equipo utilizado para la limpieza de los suelos y desagües debe estar separado del utilizado para limpiar las superficies en contacto con el producto. El uso adecuado de paños y estropajos deshechables puede ser útil para minimizar la expansión de la contaminación bacteriana en el entorno de producción
	Expansión por aerosol de *Listeria* spp. por el uso de mangueras	Las mangueras deban mantenerse limpias y almacenarse fuera del suelo. No deben ser utilizadas mientras se lleva a cabo la producción	

Tabla 4.12 *(Continuación).*

Área	*Problemas*	*Controles*	*Información adicional*
Artículos en contacto con el suelo, por ejemplo ruedas de las carretillas, soportes y cubetas	Estos objetos facilitan la expansión de agua y bacterias por todo el ambiente de producción	Cuando sea posible, utilizar esos equipamientos para áreas específicas. Los utilizados en zonas de bajo riesgo no deben ser utilizados en las de alto riesgo	Todos los equipos con ruedas deben limpiarse de manera adecuada (incluyendo las ruedas) como parte del plan de limpieza regular
Equipos no rutinarios, por ejemplo, escaleras, los utensilios de los ingenieros, herramientas	Traen contaminación de áreas externas	Cuando sea posible, dedicar estos equipos para áreas concretas. Los utilizados en zonas de bajo riesgo no deben ser utilizados en las de alto riesgo	Deben aplicarse sistemas de limpieza apropiados, por ejemplo limpieza con alcohol de los objetos sensibles al agua, para minimizar la contaminación de estos artículos
Superficies en contacto con el alimento	Potencial contaminación cruzada a partir de superficies limpiadas de forma inadecuada con restos de producto en las mesas, bordes, debajo de las cintas, en los cierres, etc.	Identificar todas las superficies en contacto directo con el producto y asegurarse que se encuentran especificadas en los planes de limpieza con una definición apropiada de las frecuencias	Los regímenes de limpieza completa, normalmente llevada a cabo diariamente, deben consistir en la retirada de los restos, el desmontado apropiado de los equipos, un lavado con detergente seguido de un aclarado y los procesos de higienización. Los procedimientos de limpieza intermedios deben ser apropiados para el tipo de procesos de producción que se realizan

Tabla 4.12 *(Continuación).*

Área	*Problemas*	*Controles*	*Información adicional*
Unidades de refrigeración	Acumulación y diseminación *de Listeria* spp. a través del aire húmedo de los ventiladores y del goteo por condensación en las tuberías	Realizar planes de limpieza regulares en las cámaras de refrigeración, bandejas de condensación y tuberías. Asegurarse que las bandejas de condensación tienen un mantenimiento adecuado y no pasan directamente sobre el producto expuesto Reparar las fugas	Los sistemas de refrigeración deben estar diseñados para permitir un fácil acceso para su limpieza y evitando el acúmulo de agua en el sistema o el drenaje del agua (por condensación) directamente al suelo. Un aislamiento eficiente de las tuberías ayudará a minimizar la formación de condensación
Sistemas de aireación, por ejemplo, ventilación, sistemas de extracción y aire acondicionado	Acumulación y diseminación de *Listeria* spp.	Realizar planes de limpieza regulares en todas las campanas/extractores, conductos, tuberías, canales de drenaje y respiraderos o rejillas para el aire, donde sea posible. La filtración del aire con un estándar mínimo de un 95% de retirada de las partículas de 5 μm minimizará la cantidad de polvo	Los sistemas de aireación deben estar diseñados para minimizar la posibilidad de que atrapen suciedad o acumulen humedad y para facilitar los procedimientos de limpieza. Las tomas de aire debe estar situadas de manera que eviten la contaminación cruzada entre las áreas de alto y bajo riesgo
Equipos y cubetas de limpieza	Limpieza inadecuada que conduce a una contaminación cruzada	El equipo de lavado debe mantenerse en buen estado	El equipo de lavado y los procedimientos deben de ser adecuados y suficientes

Tabla 4.12 *(Continuación).*

Área	*Problemas*	*Controles*	*Información adicional*
		Los sistemas de limpieza manual y automáticos deben utilizarse con los productos químicos correctos y una secuencia de limpieza específica apropiada para los objetos que se van a limpiar	para el propósito buscado. Para ayudar a mantener los estándares operacionales y minimizar el asentamiento de residuos y otros depósitos que facilitarían una contaminación cruzada de los objetos por los que pasase, el equipo mismo debe estar sometido a un plan de limpieza
	Contaminación cruzada de equipo limpio a partir de equipo sucio	Puede mantenerse un flujo unidireccional del equipamiento de sucio a limpio y designar un área concreta para el almacenamiento de equipos limpios	
	Aerosoles creados durante el lavado	Las áreas de lavado deben estar colocadas a parte de las áreas de producción en una sala concreta con campanas de extracción de aire, donde sean necesarias	
Personal	Contaminación del producto por higiene y prácticas de producción inadecuadas	La plantilla debe estar adecuada y apropiadamente entrenada y equipada para poder realizar	Debe suministrarse ropa protectora, incluyendo batas, gorros y a veces calzado, a todo el personal y

Tabla 4.12 *(Continuación).*

Área	*Problemas*	*Controles*	*Información adicional*
		las prácticas que minimizen la contaminación del producto final con *Listeria* spp.	proporcionar al personal que trabaja en las áreas de alto riesgo ropa diseñada específicamente. Deben darse facilidades y establecer procedimientos de limpieza para el lavado adecuado de manos, el cambio de la ropa sucia y la limpieza del calzado (las viras de las botas de goma y otros calzados recogen restos húmedos y actúan como portadores de *Listeria* spp. pasando entonces fácilmente entre las distintas áreas de producción)
Procedimientos de limpieza	Inadecuados para eliminar a *Listeria* spp.	Utilizar productos químicos seguros para el alimento y regímenes de limpieza que hayan sido demostrados como efectivos en la destrucción de *L. monocytogenes*	Los suministradores responsables de productos químicos de limpieza para la industria alimentaria son capaces de proporcionar la información necesaria concerniente a la eficacia de sus productos respecto a la destrucción de *L. monocytogenes*. Como asunto de debida diligencia, los fabricantes de alimentos deben asegurarse la obtención de esa información y que ésta se ajuste a sus requerimientos antes de su compra

Para asegurar el control de *Listeria,* es importante llevar a cabo una revisión de la planta de procesado, incorporando todas las áreas en las que el producto puede llegar a contaminarse. Para los productos cocidos, éstas empezarían justo a la salida del horno; para los productos pasterizados tras la pasterización, aunque el mismo pasterizador debe ser comprobado regularmente para verificar que no existe ninguna contaminación cruzada potencial en la sección de enfriamiento del intercambiador de calor.

Todas las áreas del entorno de producción deben someterse a un examen detallado e identificar las áreas en las que existe un riesgo claro de contaminación potencial. Los resultados de este examen deben utilizarse para identificar las prácticas del personal operante y de limpieza necesarias para asegurar que el riesgo está controlado. Este estudio debe llevarse a cabo con la asistencia del personal de ingeniería, producción y microbiología. La unión de sus conocimientos será muy valiosa para identificar los riesgos potenciales de mayor probabilidad. Las áreas de consideración particular incluyen:

(i) *Cintas transportadoras* El área de superficie del producto expuesta a las cintas transportadoras a menudo es amplia en algunos de los productos de más riesgo como los productos cárnicos cocidos y loncheados o los alimentos «listos para comer». El diseño y construcción de las cintas pueden tener un importante impacto sobre la posibilidad de que *Listeria,* tanto colonice como se establezca en la fábrica.

Las cintas transportadoras necesitan una limpieza e higienización de la superficie y de la cara inferior, los lugares donde pueden quedar residuos. A menudo, las cintas transportadoras de una sola pieza sintética son más adecuadas ya que se limpian con mayor facilidad y ofrecen menos posibilidades de que se queden restos del producto. Las cintas transportadoras de cadenas de acero inoxidable son de muy difícil limpieza y permiten una excesiva retención de restos del producto, pero son más adecuadas para la esterilización a altas temperaturas. Las cintas transportadoras fabricadas con bandas individuales, como las utilizadas en la producción de muchos productos cárnicos loncheados, ofrecen una gran posibilidad de contaminación debido a la presencia de restos del producto en las ranuras de los espacios entre las ruedas dentadas que mueven las cintas. De formal ideal, la limpieza y desinfección regular de estas cintas se realizaría mediante el desmontado completo de la cinta de su soporte y es importante prevenir el asentamiento de contaminación en estos equipos.

(ii) *Soportes y vagonetas* Cualquier producto abierto almacenado en contacto con soportes y vagonetas, normalmente para ser transportados, pueden llegar a contaminarse directamente a partir de las superficies del equipo. Tales equipos deben limpiarse e higienizarse antes de su utilización mediante un sistema de lavado diseñado a propósito para soportes o vagonetas, demostrando que el sistema utilizado es capaz de eliminar la contaminación. Con frecuencia los procesos de lavado crean una gran cantidad de aerosoles y deben realizarse en un área aparte separada del producto expuesto.

(iii) *Bombas, contenedores y tuberías* Aunque normalmente se encuentran completamente cerradas, incluso los equipos más modernos pueden conducir a una contaminación importante del producto. De hecho, la misma naturaleza de las líneas cerradas implica la imposibilidad de inspeccionar muchas de las superficies internas, por lo que los sistemas de limpieza en línea deben estar diseñados para asegurar que se aplican flujos eficientes que dan como resultado una efectiva retirada de los restos en todas las superficies internas. Las tuberías y los tanques deben ser inspeccionados para asegurarse de que no existen «puntos muertos». Estos a menudos son causados por recodos superfluos en las tuberías al aplicar nuevos patrones de flujo o mediante la introducción de sistemas de toma de muestra en la línea. Las uniones de tuberías deben cerrarse mediante una higiénica unión soldada para prevenir la aparición de «puntos muertos» localizados. Los contenedores deben inspeccionarse con frecuencia para controlar cualquier posible «punto muerto» que no se limpie de forma efectiva por los sistemas de bolas de pulverización en línea. Además debe examinarse la integridad de las cámaras de los contenedores para asegurar la prevención de la contaminación a partir de fuentes externas o incluso a partir del refrigerante utilizado en las camisas de los contenedores. Los cierres y los cierres de las válvulas deben desmontarse y limpiarse con regularidad ya que a menudo se acumulan allí restos en el interior de los cierres. También se debe tener cuidado cuando las secuencias de limpieza automática realizadas para asegurar que no haya «espacios muertos» son llevadas a cabo mediante válvulas que pueden atrapan restos del producto durante el ciclo de limpieza y posteriormente, cuando la válvula se cierra al final del ciclo, lo pueden empujar de nuevo a la línea.

(iv) *Puntos de muestreo, manómetros, termómetros y otros sistemas de control en línea* La introducción de cualquier sistema soldado a la línea crea una intrusión que afecta al flujo del producto y a la eficacia de la limpieza. Además, una mala soldadura puede dar lugar a la creación de un microambiente capaz de proteger a los contaminantes microbianos de la posterior limpieza. De hecho, la mala colocación de sistemas de medida puede crear grietas o cámaras en las cuales el producto puede quedar retenido durante periodos de tiempo prolongados, dando lugar a áreas en las que se puede establecer la contaminación microbiana. Cualquier inspección en la planta debe identificar, principalmente y antes que nada, cualquier área de este tipo, para asegurarse de que están instaladas de forma adecuada o retirarlas por completo.

(v) *Máquinas cortadoras, picadoras y de mezclado* La naturaleza compleja de muchas máquinas cortadoras las convierte en un foco de atención obvio al priorizar las áreas para el control de *Listeria*. Las máquinas cortadoras pueden estar trabajando durante largos periodos sin una limpieza completa y la naturaleza intrincada de la maquinaria proporcionan un número de áreas en las cuales se pueden quedar restos del alimento y, si están contaminados, proporcionar las condiciones para una contaminación cruzada. Los fabricantes deben comprender la construcción de los equipos que manejan y hay que asegurarse de que saben dónde se pueden acumular restos del producto, cómo desmontar el aparato de forma adecuada para su limpieza y cómo deben concentrarse los planes de limpieza para eliminar los residuos y la contaminación. El estado higiénico de los sistemas utilizados para introducir la carne en la cortadora, la misma cortadora, la cuchilla y cualquier parte móvil de la maquinaria debe controlarse de cerca. Es necesario un manejo higiénico similar para las picadoras, troceadoras y otros equipos generales de mezclado en los cuales se somete al producto a un extenso contacto con cuchillas o paletas en las que pueden haberse asentado los contaminantes.

(vi) *Mesas, tablas de cortar, tablas de trocear y otras superficies de trabajo o instrumentos de corte* Cualquier superficie en la que se coloque el producto antes del cortado, troceado o un procesado posterior es un punto potencial de contaminación y necesita ser limpiado con rigor. Las tablas de cortar, las superficies de trabajo y todas las mesas presentan el riesgo de contaminarse con *Listeria* y si se limpian e higienizan de forma inadecuada permitirán una contaminación cruzada a los productos procesados con posterioridad.

Debe prestarse especial atención al diseño de estos objetos para evitar las superficies con bordes en los que el producto puede acumularse o áreas donde las tablas de cortar pueden unirse para apoyarse, ya que los residuos pueden acumularse en la unión entre las dos superficies. Idealmente, la superficie de trabajo se debe de poder retirar para permitir la limpieza e higienización de las superficies superior e inferior. Las mesas con un borde que va hasta debajo de la mesa son a menudo fuentes de contaminación debido a que se acumulan restos de producto en la cara inferior de la mesa. Estos restos contaminados pueden pasar al producto a través de las manos del personal. El diseño de la mesa y una limpieza eficiente son las mejores vías para controlar este problema de forma efectiva.

Es importante que los cuchillos, las máquinas cortadoras y loncheadoras automáticas y las cortadoras manuales como las utilizadas en las plantas de elaboración de salmón ahumado se limpien de forma efectiva ya que estos utensilios entran en contacto con una gran proporción de los productos que pasan por la planta de producción.

La maquinaria en contacto directo con los productos, como las cintas transportadoras con puntos de aguja utilizadas en las máquinas automáticas de loncheado del salmón ahumado y las máquinas perforadoras utilizadas para crear orificios en el Stilton y otros quesos azules, ofrecen la posibilidad de que se contaminen muchos productos, si no se mantienen de forma higiénica.

(vii) *Personal que manipula el producto* Cualquier producto que sufra una manipulación intensa se encuentra, sin ninguna duda, expuesto a un elevado riesgo de contaminación. Es probable que la mayor parte de la contaminación no se origine del propio personal pero probablemente aparezca a partir de superficies contaminadas y utensilios y entonces, el personal lo puede transferir al alimento. Para minimizar la contaminación a partir de estas fuentes, son esenciales unas buenas normas y prácticas higiénicas por parte del personal, pero el aspecto de mayor importancia es su formación.

Es esencial que cualquier persona que participe en la fabricación o manipulación de un alimento esté enterado por completo de los riesgos que puede aportar al producto mediante sus acciones. Un conocimiento de los principios básicos que participan en la transferencia de los microorganismos desde suelos, paredes, cuchillos u otros equipos, como resultado de unas prácticas inapropiadas, sería mucho más beneficioso que cualquier orden de trabajo estricta. Un individuo formado puede tomar una decisión fundada sobre tareas no detalladas en las instrucciones de trabajo. El seguimiento de unas instrucciones sin una formación puede permitir el que se lleven a cabo tareas de forma inadecuada y que continúen hasta que un individuo entrenado las identifique o después de que aparezca un problema.

Las principales áreas de las que surge la contaminación cruzada desde el personal son las manos y el vestuario. Independientemente de la política de uso de guantes o el manipulado directo de los alimentos, el aspecto más importante es la aplicación de prácticas higiénicas, que las manos entren en contacto con superficies o equipos contaminados y posteriormente con el producto. Son esenciales unos frecuentes cambios de guantes y un lavado de las manos, junto con la limpieza de las manos o cambio de guantes tras manipular cualquier objeto o superficie donde pueda aparecer la contaminación. Tocar los lados de los equipos o los mangos de los cepillos al retirar los restos durante la producción para después volver la tarea de manipular el alimento son cosas simples que ocurren con frecuencia y que pueden evitarse. Además, los manguitos y delantales a menudo son áreas de riesgo descuidadas en las que un continuo asentamiento de la contaminación puede transmitirse fácilmente mediante el contacto con el alimento.

(viii) *Superficies que no están en contacto con el producto que entran en contacto con el personal que manipula el alimento* Muchas partes del equipo no se consideran de alto riesgo respecto del control de *Listeria* debido a que se considera que no entran en contacto directo con el producto. Como consecuencia, a menudo se descuidan en los regímenes de limpieza e higienización y cuando se utilizan pueden suponer un importante riesgo de contaminación cruzada. Buenos ejemplos de estas áreas son los mangos de cepillos, los soportes utilizados para el almacenamiento de los cuchillos, los soportes de otros utensilios, los tiradores de las cámaras frigoríficas para almacenamiento o de las puertas de los hornos, que se tocan a menudo y posteriormente las mismas manos manipulan el alimento y así sucesivamente. A este respecto existen muchos ejemplos y es esencial identificar las superficies y utensilios que entran en contacto con objetos y manos que pueden también entrar en contacto con el alimento y asegurarse de que todo este tipo de objetos sean adecuadamente limpiados e higienizados.

(ix) *Superficies que no están en contacto con el producto y la creación de aerosoles que entran en contacto con el alimento* Algunos de los mayores riesgos para el producto surgen a partir de la contaminación de estructuras y del entorno de la misma fábrica. Contaminación de suelos, paredes, sumideros, refrigeradores de aire forzado, rejillas para el aire, techos, tuberías instaladas en alto y muchas otras áreas que de forma clara no pueden contaminar al producto de forma directa. Sin embargo, la creación de aerosoles o la subsiguiente condensación puede facilitar la contaminación cruzada desde una de estas zonas fuertemente contaminada hacia el producto. No es posible prevenir por completo la presencia de *Listeria* en algunas de estas áreas, pero el objetivo principal de la limpieza e higienización de estas zonas es la prevención del asentamiento de altos niveles de contaminación potencial que, mediante su distribución por aerosoles, pueda contaminar al producto o a las superficies en contacto con éste. El mayor riesgo aparece normalmente en los frigoríficos a partir de la condensación y del movimiento del aire producido por el ventilador, el cual puede extender y condensar la contaminación por toda la cámara de refrigeración y el producto expuesto. Se mantiene una gran cantidad de alimento expuesto en la cámara de refrigeración ya que, el fin obvio de los refrigeradores de aire forzado es el de enfriar rápidamente el producto. Por consiguiente, mientras debe prestarse atención en proporcionar una protección a los alimentos introduciéndolos en recipientes tapados o cubriéndolos con unas láminas de plástico limpias, el principal énfasis debe realizarse en la prevención del asentamiento de *Listeria* en la cámara frigorífica. Esto se consigue con una limpieza e higienización regular de la misma, incluyendo a los condensadores y a los ventiladores, la retirada del condensado y en muchos casos utilizando un sistema de humidificación higienizante por toda la cámara de refrigeración tras su limpieza.

Otras áreas ambientales de atención, como suelos, y paredes deben ser higienizadas y limpiadas regularmente pero de un modo por el que se evite el llenado de toda el área de producción con aerosoles. Una limpieza manual utilizando cepillos blandos y sin usar mangueras a presión es normalmente el mejor sistema. Deben de retirarse las rejillas de los desagües para limpiar la cara inferior de la rejilla y el propio desagüe. El equipo de limpieza para suelos y desagües debe estar separado del utilizado para las superficies en contacto con el producto ya que se podría extender la contaminación mediante estos utensilios.

Mientras debe prestarse atención a las operaciones de limpieza e higienización por sí mismas, éstas a menudo están dificultadas por la presencia de edificios con un mantenimiento inadecuado, con grietas en los suelos y paredes en las que la retirada de la contaminación es extremadamente difícil. La limpieza no puede ser un sustituto de la provisión de unas instalaciones de una adecuada construcción, sino únicamente hay que mantener el estado higiénico de un entorno de fabricación con un mantenimiento apropiado.

Productos en los que *L. monocytogenes* puede estar y la cocción por parte del consumidor está diseñada para eliminar el peligro

Los productos, tanto crudos como procesados, en los que *L. monocytogenes* puede estar presente, pero en los que el producto está diseñado para recibir una cocción completa no presentan riesgo a no ser que el consumidor no cocine el producto de forma adecuada. En tales circunstancias las recomendaciones de cocción del producto son críticas en transmitir al consumidor el mensaje sobre la necesidad de asegurar la cocción completa del producto. Las recomendaciones de cocinado nunca pueden cubrir todas las eventualidades, pero es esencial que, cuando se proporcionen, estén basadas en ensayos que muestren que pueden alcanzar los tiempos y temperaturas especificados. Las instrucciones de cocinado deben estar validadas por el fabricante o vendedor que las da. Deben tenerse en cuenta los diferentes tipos de sistemas de cocinado utilizados en las cocinas domésticas y debe evaluarse el efecto de la distancia a la fuente de calor, frecuencia de encendido, condiciones de descongelación, etc. en la consecución de la temperatura final de cocción. En muchos casos unas instrucciones de cocinado de un producto crudo deben acompañarse por una frase que recuerde al consumidor que se asegure que el producto es cocido hasta que «hierva» o «esté muy caliente» como recomendación adicional para complementar a las propias instrucciones.

Recomendaciones a los grupos susceptibles

Algunos tipos de productos tienen una importante historia como causantes de brotes de listeriosis y presentan un gran riesgo de infectar a grupos susceptibles. Si no es posible reducir el riesgo de estos grupos hasta un nivel suficientemente bajo, entonces es importante informar a estos grupos de los riesgos inherentes a estos alimentos, de manera que puedan evitarlos. Normalmente este tipo de acciones se desarrolla durante los brotes, como se vio, tanto en el brote de listeriosis a partir de lengua de cerdo en gelatina en Francia como en el del Reino Unido atribuido a paté belga. De hecho, los avisos dados en por el Departamento de Salud del Reino Unido, junto con la retirada del producto, tuvieron como resultado la reducción drástica en el número de casos de listeriosis durante los años siguientes. En el Reino Unido, la recomendación de que las embarazadas evitasen el consumo de quesos blandos madurados, como el Brie y el Camembert, y paté y que sometan a cocción el pollo y otros platos preparados hasta que estén homogéneamente calientes, permanece hasta hoy. Esto ha recibido el apoyo de fabricantes y vendedores quienes etiquetan sus productos como no adecuados para el consumo por parte de grupos susceptibles.

5

Acción y reacción de la industria

INTRODUCCIÓN

Listeria monocytogenes como especie está subdividida en serotipos y se utilizan técnicas genéticas para una diferenciación posterior del microorganismo. Existe un gran debate a cerca de la patogenicidad específica de cepas concretas de *L. monocytogenes* y su relevancia hacia la salud pública. En 1995, un caso referente a la aptitud para consumo de unos lotes de queso azul Lanark en los que supuestamente se encontraron elevadas cantidades de *L. monocytogenes* 3a, los órdenes de decomiso solicitadas por las autoridades locales, bajo el «Food Safety Act» del Reino Unido 1990, fue denegada (Anon., 1990a). Esto en parte fue debido a una evidencia presentada que indicaba que este serotipo nunca se había implicado en casos de listeriosis transmitidas por consumo de alimentos. En 1996, los Departamentos de Agricultura y Sanidad del Reino Unido pidieron consejo al Comité Asesor sobre Seguridad Microbiológica Alimentaria (ACMSF) sobre si todas las cepas de *L. monocytogenes* eran patógenas o deben considerarse como tales. Tras deliberaciones y consultas con otros grupos de expertos, el comité recomendó que, con fines relacionados con la salud pública, lo prudente sería tratar a todas las cepas de *L. monocytogenes* como patógenas. En una detallada revisión sobre la patogenicidad de *L. monocytogenes,* McLauchlin (1997) concluyó, «en interés de la seguridad pública y para fines relacionados con la sanidad pública, todas las *L. monocytogenes,* incluyendo a todas aquellas aisladas a partir de alimentos, deben ser consideradas como potencialmente patógenas». También es relevante señalar que el Comité de Códices de Higiene Alimentaria («Codex Committee on Food Hygiene») trata a todas las especies de *L. monocytogenes* como un conjunto y no en términos de cepas individuales a la hora de estudiar los planes de muestreo y de controles del manejo industrial. Desde que *L. monocytogenes* fue reconocida por primera vez como un patógeno transmitido a través de alimentos, como un asunto de debida importancia y riesgo para la seguridad alimentaria, la industria alimentaria siempre ha actuado en la búsqueda de especies y no serotipos específicos. Incluso muchos fabricantes también utilizan la presencia de *Listeria* spp. Como un indicador general de la presencia de *L. monocytogenes,* y muchas recomendaciones y especificaciones de las industrias reflejan esta actitud.

Unos criterios microbiológicos consisten en una exposición concerniente al microorganismo o toxina microbiana de interés, el alimento en concreto y tipo de muestra, el plan de muestreo a utilizar, el método de ensayo utilizado (el método debe haber sido validado para el microorganismo o toxina de interés en el alimento que se esté examinando) y el(los) límite(s) microbiológico(s) que se aplica(n) (indicando también la interpretación que debe darse al resultado y el procedimiento a seguir para aquellos resultados que superen el límite superior establecido). Existen varios textos disponibles que orientan estos aspectos con detalle (NCR, 1985; Comisión Internacional de Especificaciones Microbiológicas para los Alimentos, 1986; Anon., 1996d).

Para la industria alimentaria, los criterios microbiológicos se incluyen en tres categorías:

1. Normas: son los criterios microbiológicos incluidos en una ley. Su cumplimiento es obligatorio. Los ejemplos incluyen a la mayoría de criterios de las Directivas de la Unión Europea (EU) y Leyes Estatutarias de Inglaterra y País de Gales. Las normas son controladas por organismos oficiales.
2. Recomendaciones: son criterios aplicados en cualquier etapa de un sistema de producción y distribución de alimentos, que indican el estado microbiológico de una muestra. Su fin es el control del manejo y ayudar en la identificación de áreas potencialmente problemáticas.
3. Especificaciones: son criterios microbiológicos aplicados materias primas, ingredientes y productos acabados concretos. Se utilizan en los acuerdos de compra.

LEGISLACIÓN Y NORMAS

La filosofía general adoptada en la legislación tanto en Europa, como en Norte América, en el contexto relativo a la seguridad alimentaria es la de señalar la clara responsabilidad de los propietarios de las industrias alimentarias de producir y suministrar alimentos sanos y saludables. Como ejemplo, en el Reino Unido, las Regulaciones de Seguridad Alimentaria (Higiene General de los Alimentos) de 1995 (que complementa a la Directiva de la Unión Europea 93/43/EEC de 14 de junio de 1993 sobre higiene de los alimentos), Sección 4(1) dice:

> «El propietario de una empresa alimentaria debe asegurar que cualesquiera de las siguientes operaciones, esto es, la preparación, procesado, fabricación, envasado, almacenamiento, transporte, distribución, manipulación, y puesta a venta o abastecimiento, sean llevados a cabo de forma higiénica»

Más adelante, en la Sección 4(3):

> «El propietario de una empresa alimentaria debe identificar cualquier etapa de las actividades de la empresa que sea crítica para asegurar la seguridad alimentaria y asegurarse de que los procedimientos de seguridad adecuados son identificados, aplicados, mantenidos y revisados, en base a los siguientes principios:

(a) análisis de los riesgos alimentarios potenciales en las operaciones en una empresa alimentaria;
(b) identificación de los puntos en aquellas operaciones en las que pueden tener lugar los riesgos alimentarios;
(c) decidir cual(es) de los puntos identificados son críticos en el aseguramiento de la seguridad alimentaria (puntos críticos);
(d) identificación y realización de procedimientos efectivos de control y seguimiento para esos puntos críticos y;
(e) revisar periódicamente el análisis de riesgos alimentarios, los puntos críticos y los procedimientos de control y seguimiento y en el momento en el que haya un cambio en las operaciones de la empresa alimentaria».

Debido a que es un microorganismo ubiquitario en el ambiente general y consecuentemente un frecuente contaminante de las materias primas alimentarias, *L. monocytogenes* es uno de los riesgos microbiológicos potenciales que necesita ser considerado en el análisis de riesgos de las operaciones de muchas empresas alimentarias.

Además de esta general pero importante y necesaria responsabilidad impuesta por ley a los propietarios de empresas alimentarias, otras legislaciones (a veces denominadas verticales debido a que tratan de alimentos concretos al contrario de la legislación horizontal, que se aplica a los controles genéricos de producción de alimentos, por ejemplo, higiene alimentaria) también pueden aplicarse, dependiendo del tipo de alimento y de la empresa. Por supuesto, el propietario de la empresa alimentaria tiene la responsabilidad de conocer y entender qué legislación se aplica a su empresa y de garantizar su cumplimiento. Algunas legislaciones contienen normas microbiológicas de cumplimiento obligatorio. Por ejemplo, *L. monocytogenes* está especificada en las normas (higiene) para productos lácteos de 1995. En el Anexo 6 (Anon., 1995b) «Requerimientos para productos lácteos. Parte 1. Criterios microbiológicos» se establecen las siguientes normas para productos a la salida del establecimiento de producción:

(i) Quesos, excepto los de pasta dura: ausencia de *L. monocytogenes* en 25 g, donde $n = 5$, $c = 0$ (Nota n = número de muestras, c = número de muestras que se permite que sobrepasen el límite).
(ii) Productos lácteos, excepto los queso incluidos en (i): ausencia de *L. monocytogenes* en 1 g.

Si se sobrepasan las normas, los productos implicados son excluidos del consumo humano y retirados del mercado.

Por supuesto, *L. monocytogenes* debe estar incluida en aquellas normas genéricas que establecen la ausencia de los microorganismos patógenos en 25 g, donde $n = 5$ y $c = 0$ en cualquier muestreo al azar de control, llevados a cabo como se establece para todas las leches de consumo tratadas térmicamente (Anexo 4, Parte III de las normas (higiene) para productos lácteos de 1995 (Anon., 1995b)) y en los que se pueden tomar cualquier acción necesaria.

Tras el brote de listeriosis en los Estados Unidos atribuido a queso fresco estilo mejicano (Linnan *et al.,* 1988) se llevaron a cabo distintos trabajos que revelaron la alta contaminación con *L. monocyotogenes* que presentaban los alimentos y el ambiente en la industria alimentaria. Esto condujo a la Administración para Alimentos y Medicamentos (FDA) y al Servicio de Inspección de la Seguridad Alimentaria de los Estados Unidos a aplicar una política de «tolerancia cero» (ausencia en 25 g) para este microorganismo en los alimentos cocinados y en los «listos para comer» (Shank *et al.,* 1996). En seguimiento de esta política, se han realizado muchos llamamientos sobre productos «listos para comer» en los que se había hallado contaminación con *L. monocytogenes,* incluyendo quesos, helados, leche, pescado, ensaladas preparadas, sándwiches, carne de cangrejo, pescado ahumado y productos de panadería, y la industria ha llevado a cabo una importante cantidad de trabajo para establecer las fuentes del microorganismo y los mecanismos para su control. La política continuista en los Estados Unidos considera que la presencia detectable de *L. monocytogenes* en un alimento «listo para comer» es un riesgo para la salud. Los alimentos «listos para comer» que dan positivo al microorganismo son considerados por la Administración para Alimentos y Medicamentos (FDA), Departamento de Agricultura y Servicio de Inspección de la Seguridad Alimentaria de los Estados Unidos, como adulterados y son sometidos a su actuación, por ejemplo su decomiso (Shank *et al.*, 1996). Se cree que esta política ha contribuido a la disminución de la listeriosis en Estados Unidos en un 40% (Tappero *et al.*, 1995).

En un documento preparado para el Comité de Códices de Higiene Alimentaria (Codex Committee on Food Hygiene) por la Comisión Internacional de Especificaciones Microbiológicas para los Alimentos (Comisión Internacional de Especificaciones Microbiológicas para los Alimentos, 1996b), la Comisión consideró (en base a la información epidemiológica de varios países) que para los alimentos destinados al comercio internacional, una concentración de *L. monocytogenes* que no supere las 100 por gramo de alimento en el punto de consumo, es de bajo riesgo para los consumidores. Sin embargo, en alimentos destinados al consumo por parte de grupos de alto riesgo, por ejemplo, la tercera edad y los bebés, todavía se considera apropiada la ausencia en 25 g en un cierto número de muestras. Es probable que cualquier norma aprobada últimamente en el Codex, se utilice como base para corregir la legislación nacional.

RECOMENDACIONES

Las recomendaciones microbiológicas utilizadas en la industria rara vez son publicadas ya que generalmente se desarrollan para un proceso o producto en particular; en consecuencia, existe un cierto grado de confidencialidad y las recomendaciones industriales permanecen autoimpuestas y «en casa». Los resultados de ensayos para *Listeria* spp. y *L. monocytogenes* que sobrepasen los niveles normales previstos para la muestra en cuestión, deben de conducir a una investigación para identificar la fuente y corregir la causa.

Las recomendaciones generales sobre los niveles y tipos de microorganismos relevantes en alimentos concretos producidos con unas buenas prácticas de fabricación pueden ser obtenidas, por sus miembros, a partir de asociaciones de industriales, por ejemplo, el *Código de Buenas Prácticas de Catering* (Anon., 1990b) de la Asociación de Catering de Líneas Aéreas (*Airline Catering*). Se incluyen recomendaciones microbiológicas para *L. monocytogenes* en alimentos no manipulados y platos fríos manipulados con límites de ausencia en 25 g y menos de 100 por g, respectivamente. En el Reino Unido, el Servicio de Laboratorios de Salud Pública (PHLS) ha publicado unas recomendaciones microbiológicas (Anon., 1996e) para ayudar a controladores de alimentos e inspectores para evaluar la calidad microbiológica de los alimentos y para indicar los niveles de ciertos tipos de contaminación bacteriana consideradas como un riesgo potencial para la salud en alimentos «listos para comer» en su punto de venta. La Tabla 5.1 muestra la clasificación de varios niveles de *L. monocytogenes* en todas las categorías alimentarias consideradas en estas recomendaciones. Aunque las recomendaciones del PHLS (Anon., 1996e) no tienen ninguna fuerza legal, se estudian determinadas acciones a tomar como consecuencia de los resultados clasificados como «insatisfactorios» e «inaceptables/potencialmente peligrosos». Por ejemplo, si se obtiene un resultado de una prueba de *L. monocytogenes* que clasifica al alimento como «inaceptables/potencialmente peligrosos», se recomiendan unas acciones urgentes para localizar la fuente e identificar el riesgo que presenta para los consumidores. Los resultados que lo clasifican en esta categoría pueden servir de base para un procesamiento por parte de los funcionarios de inspección.

ESPECIFICACIONES

Las especificaciones del producto acordadas entre un fabricante de alimentos y su cliente (a menudo un vendedor) incluyen normalmente

Tabla 5.1 *L. monocytogenes* – recomendaciones para la calidad microbiológica de varios alimentos «listos para comer» (Anon., 1996e).

Categoría	*Nivel de contaminación*
Satisfactorio	Ausencia en 25 g
Dudoso – límite de aceptabilidad	Presencia en 25 g a menos de 200 por gramo
Insatisfactorio	200 por gramo a menos de 1.000 por gramo
Inaceptables/potencialmente peligrosos	Mayor o igual de 1.000 por gramo

información concerniente a la apariencia física del alimento, las características físico-químicas de importancia para la seguridad y/o calidad del producto y los parámetros microbiológicos relevantes para la seguridad y calidad del producto.

En el pasado reciente había una tendencia (que todavía persiste en algunas áreas de la industria) de establecer y mantener una lista fija de microorganismos (tanto patógenos potenciales como no patógenos y ensayos microbiológicos generales, como recuento total y coliformes) que eran incluidos en las especificaciones de todos los productos sin tener en cuenta la relevancia del producto o del proceso por el cual se había fabricado. Frecuentemente se ha incluido en estas listas a *L. monocytogenes,* debido a la atención de los medios y a que a menudo las pruebas microbiológicas se aplican indiscriminadamente a muchos productos y procesos de fabricación en los cuales el uso de estas pruebas tienen poco significado. Sólo si tras considerar todas circunstancias relevantes para determinar dónde y cómo deben controlarse los productos y procesos, las pruebas microbiológicas y los criterios asociados son considerados útiles, es importante asegurarse que sólo se selecciona a los microorganismos importantes en las materias primas, procesos y productos terminados (Anon., 1997f). Debido a que *L. monocytogenes* está ampliamente distribuida en el medio ambiente, son necesarios sistemas higiénicos efectivos y fiables para minimizar su presencia a lo largo de todo el proceso productivo. Además, debido a que es capaz de crecer a temperaturas de refrigeración, es necesario alcanzar su ausencia o presencia sólo en pequeñas cantidades en los alimentos «listos para comer». Por consiguiente, es normal que las especificaciones microbiológicas incluyan un objetivo de «ausencia» en 25 g del producto con unos niveles inaceptables generalmente especificados como «presencia en 25 g» o más de 10 ó 100 por gramo. Los alimentos que no cumplen con la especificación son objeto de una investigación para identificar y corregir la causa. En consecuencia, esto puede conducir a la retirada de los productos de los sistemas de venta y distribución.

SEGUIMIENTO DE *LISTERIA* SPP. Y *L. MONOCYTOGENES*

El éxito o fracaso de los sistemas puestos en marcha para controlar a *L. monocytogenes* es controlado normalmente mediante el análisis de muestras tomadas a partir de puntos concretos seleccionados. Las muestras de alimentos se toman normalmente a partir de las materias primas en la entrada, los alimentos durante el proceso, por ejemplo tras un proceso de lavado, un tratamiento de cocción o una operación de loncheado, y de los productos terminados.

En las especificaciones de compra a algunos suministradores de materias primas se pueden incluir algunos criterios acordados para *L. monocytogenes,* por ejemplo, en productos cárnicos cocidos preparados para la producción de sándwiches. Además de obtener un informe microbiológico a partir del proveedor, deben tomarse muestras de los lotes entrantes para ser analizados por el fabricante. En este caso deben tomarse de forma aséptica pequeñas porciones (10-20 g) de diferentes paquetes, y se añaden y mezclan para tomar una porción de 25 g que será examinada en el laboratorio.

Donde sea necesario tomar muestras durante el proceso para comprobar la eficacia del proceso productivo, se tomarán muestras individuales al azar (> 25 g en cada caso) durante la carrera de producción y se analizarán de forma individual. Los resultados de estos ensayos son evaluados en función de los criterios «de la casa».

Las muestras de productos terminados se toman normalmente como envases enteros del alimento al final de la línea de producción. Deben tomarse envases individuales a diferentes intervalos durante el proceso de producción. Normalmente, el número y frecuencia de las muestras está en concordancia con los requerimientos del cliente. Con el fin de controlar, a menudo es útil tomar muestras del producto al principio de la serie de producción para que se pueda detectar cualquier contaminación residual del equipo en los primeros lotes de alimento producido en la línea. En el laboratorio es importante tomar del envase una muestra representativa para su análisis. Para productos con muchos componentes, esto puede significar el tener que seleccionar pequeñas cantidades de cada uno de los componentes en una proporción similar a la que se presentan en el producto acabado para dar un tamaño final de muestra de 25 g. Alternativamente, el ensayo puede realizarse con 25 g de cada uno de los componentes o 25 g de aquellos componentes que tienen más riesgo frente a una eventual contaminación y potencial crecimiento de *L. monocytogenes*. De nuevo, el enfoque adoptado se ajusta normalmente a las necesidades del cliente, pero para la mayoría de las especificaciones de compra se utiliza el primer sistema. Las otras opciones pueden efectuarse en situaciones en las que haya que resolver problemas, esto es, si se encuentra *Listeria* en la muestra compleja analizada y se ordena un análisis de sus componentes.

Las muestras del entorno normalmente se toman a partir de las superficies en contacto con el alimento, por ejemplo recipientes de mezcla, mesas, cintas transportadoras, suelos, desagües, esquinas de paredes/suelos y objetos en contacto con el suelo, por ejemplo, ruedas, calzado y el aire. Si se obtienen resultados significativos, es importante que las muestras tomadas sean relevantes y representativas del área o material analizado. La Tabla 5.2 señala alguno de los puntos que deben ser considerados cuando se seleccionan las zonas del entorno específicas y áreas asociadas para tomar muestras.

Debido a que el entorno de procesado (particularmente las áreas húmedas) es una fuente potencial muy importante de *L. monocytogenes,* es esencial el emplear los mejores medios para detectar la presencia del microorganismo. Cuanto más fiable sea la información obtenida del test aplicado, de forma más efectiva se podrán aplicar las medidas de control. El objetivo de cualquier programa de muestreo debe ser el encontrar al microorganismo de manera que debe enfocarse hacia la mejora del control en las áreas en las que se ha identificado un riesgo.

Normalmente, las torundas de algodón no son adecuadas para su uso en la toma de muestras a partir del ambiente. Con el fin de asegurar las mejores condiciones para detectar si *L. monocytogenes* se encuentra presente, deben de tomarse muestras de gran volumen o peso o a partir de zonas extensas, de manera que sean representativas de la situación ambiental observada.

Es una práctica común el examinar la presencia de *Listeria* spp. en muestras ambientales para ver si se encuentra en los suelos, de manera que si cualesquiera de las especies del género está presente, es también probable que se encuentre *L. monocytogenes* y tras la detección de *Listeria* spp. se instiga la aplicación de las medidas de control adecuadas. Normalmente, la búsqueda de *L. monocytogenes* en muestras ambientales se realiza cuando se trata de solucionar un problema, por ejemplo, cuando es necesario buscar una cepa específica que se ha hallado en un alimento. En este caso la identificación genética o «fingerprinting» de las cepas encontradas puede emplearse de forma útil.

Todos los procedimientos de muestreo, métodos, criterios y acciones a efectuar que deben seguirse en la eventualidad de que se obtengan resultados positivos, deben estar claramente indicados en los procedimientos de trabajo estándar y los niveles de control claramente definidos. La Tabla 5.3 indica algunos enfoques a seguir según los resultados obtenidos de las pruebas realizadas para detectar o cuantificar *L. monocytogenes* en muestras del entorno o del alimento. Estas acciones normalmente formarían parte de un sistema de calidad interno.

Ante cualquier investigación por un caso de listeriosis transmitida a través de los alimentos llevada a cabo por salud pública o los funciona-

Tabla 5.2 Guía para la búsqueda de *Listeria* spp. y *L. monocytogenes* en los entornos de procesado.

Punto de muestreo	*Método y consideración*
Suelos	Recoger volúmenes de líquidos de los charcos con una pipeta o utilizar un gran hisopo de algodón Un objetivo son los suelos rotos o agrietados. Las esquinas entre suelo/pared pueden acumular restos y las amplias uniones (mínimo 1 metro de longitud) deben ser hisopadas
Sumideros	Recoger un mínimo de 25 ml del líquido del sumidero mediante una pipeta También debe tomarse muestras de las áreas dañadas que dan lugar a encharcamientos, recogiendo líquido con una pipeta. Se pueden utilizar grandes hisopos de algodón para recoger biopelículas de las superficies de los sumideros y las ranuras/uniones entre el canal de drenaje y el suelo
Ruedas	Utilizar un hisopo de algodón grande y húmedo para hisopar ambas caras de la rueda
Botas de goma	Utilizar un hisopo de algodón grande y húmedo para hisopar la superficie completa de la suela, asegurándose de que las viras se hisopan bien. Si se han acumulado grandes cantidades de restos en las mismas, debe de utilizarse un cuchillo o una espátula para tomar cuanta sea posible para su análisis como muestra sólida.
Juntas de cierre	Utilizar un hisopo de algodón grande y húmedo para hisopar cuidadosamente al menos 1 metro de longitud del cierre. La áreas en las que el cierre se halla roto, perdido o agrietado están en peligro y deben tomarse muestras o retirar un trozo del cierre para su análisis. Para trozos grandes de restos, puede darse la vuelta a una bola de plástico, por ejemplo, una bolsa de «stomacher», sobre la mano, a modo de guante, para recoger el trozo; se coloca la bolsa en su posición original una vez introducido y tenemos la muestra en el interior de la bolsa. (Técnica de la bolsa al revés)

Tabla 5.2 *(Continuación).*

Punto de muestreo	*Método y consideración*
Superficies en contacto con los alimentos, por ejemplo, cintas transportadoras, mesas, mezcladoras, amasadoras, picadoras, bandejas, recipientes, tolvas y utensilios	Utilizar un hisopo de algodón grande y húmedo para hisopar meticulosamente una amplia área definida en superficies tales como mesas, cintas transportadoras, por ejemplo, 1 m^2. Utilizar una esponja grande y húmeda o una torunda de algodón para tomar muestras cuidadosamente de un área definida de objetos más pequeños. Para recipientes y bandejas, debe hisoparse toda la superficie en contacto con el alimento; sin embargo, debe utilizarse un mínimo de 100 cm^2. Para cuchillos y cucharas debe hisoparse la cuchara o cuchillo enteros
Aire	Pueden exponerse de forma directa y durante periodos de tiempo definidos, placas preparadas con agares selectivos para *Listeria* en los entornos de trabajo de la áreas de producción. Alternativamente, se pueden utilizar equipos muestreo del aire disponibles comercialmente, que empujan el aire del ambiente sobre la superficie de unas placas o tiras de agar durante tiempos prefijados. El nivel de contaminación del aire en todas las áreas de producción de alto riesgo, incluyendo las cámaras frigoríficas y los refrigeradores de aire forzado, deben controlarse de forma regular
Condensación de los refrigeradores	Recoger el condensado mediante pipeta o un hisopo
Equipo de limpieza y herramientas	Deben tomarse muestras físicas e hisopados mediante los métodos apropiados en cada caso. Para los trapos o esponjillas utilizadas en la limpieza, puede tomarse el objeto entero mediante la técnica de la bolsa al revés
Puntos a recordar cuando se toman las muestras	Todo el material utilizado para el muestreo, por ejemplo, pipetas, hisopos, bolsas, etc. Deben estar estériles y en todo momento deben utilizarse procedimientos asépticos Todas las muestras deben etiquetarse por completo (fecha, hora, descripción, individuo que tomó la muestra) en el momento de su toma

Tabla 5.2 *(Continuación)*

Punto de muestreo	*Método y consideración*
	Debe existir un procedimiento estándar de trabajo, que incluya una lista básica del seguimiento del entorno y los métodos a utilizar. Ésta debe revisarse regularmente para asegurarse de que cualquier área, equipo o proceso nuevo está incluido en la lista. Tener cuidado de otras áreas de contaminación potencial cuando se tome la muestra y utilizar hisopos extra con este propósito Puede ser necesario un muestreo adicional cuando se investigan problemas conocidos, en el apoyo del desarrollo de un nuevo producto o para demostrar la debida diligencia Cuando se muestrea tras la higienización, puede ser necesario el añadir un neutralizante al medio para inactivar los restos de desinfectante que puedan estar presentes Acordarse de informar al personal de mantenimiento o de limpieza donde se encuentra las áreas dañadas que necesitan repararse o las zonas con una limpieza insuficiente

Tabla 5.3 Consideraciones a tomar cuando se encuentra a *L. monocytogenes* en muestras del alimento o del entorno.*

Consideración	*No detectada en ninguna muestra*	*Presente en las muestras del ambiente*	*Presencia en 25 g pero < 10 por g (alimento)*	*Presencia entre 10 por g hasta < 100 por g (alimento)*	*Presencia en > 100 por g (alimento)*
Ninguna acción	Sí				
Seguimiento del entorno: aumentar los puntos de muestreo para identificar la fuente		Sí	Sí	Sí	Sí
Eficacia de la limpieza: examinar los procedimientos/registros de limpieza y controlar antes y después de la limpieza		Sí	Sí	Sí	Sí
Control de la materia prima: aumentar los análisis para identificar cualquier contaminación			Sí	Sí	Sí
Análisis del producto intermedio: aumentar los análisis para identificar las fases de contaminación			Sí	Sí	Sí
Análisis del producto final: aumentar los análisis para identificar el punto de la producción donde tiene lugar la contaminación			Sí	Sí	Sí
Revisar la eficacia de los controles del procesado: examinar los registros de todos los procesos para asegurar que los controles se han llevado a cabo de forma adecuada			Sí	Sí	Sí

Tabla 5.3 *(Continuación).*

Consideración	*No detectada en ninguna muestra*	*Presente en las muestras del ambiente*	*Presencia en 25 g pero < 10 por g alimentos*	*Presencia entre 10 por g hasta < 100 por g (alimento)*	*Presencia en > 100 por g (alimento)*
Parar la producción; cesar la producción hasta que se halla identificado y resuelto el problema					Sí
Retirada del producto: Considerar la necesidad de retirar de la venta los alimentos			†	†	Sí†

* La información proporcionada es sólo una recomendación y puede no ser apropiada en casos concretos.
† Al valorar la acción a realizar, hay que considerar el porcentaje de incidencia y la posibilidad de que los niveles iniciales de contaminación aumenten durante el restante tiempo de conservación del producto.

rios de inspección, la capacidad de demostrar unos procedimientos bien estructurados y fiables con el objetivo de controlar a *L. monocytogenes,* será de gran valía.

6

Métodos de ensayo

MÉTODOS CONVENCIONALES

Los métodos para la detección e identificación de *L. monocytogenes* fueron desarrollados por primera vez para su uso en laboratorios clínicos (McBride y Girard, 1960; Wood, 1969). Desde mediados de los años 80, cuando *L. monocytogenes* fue reconocido como un importante patógeno para el hombre, vehiculado a través de los alimentos, en todo el mundo se han desarrollado una gran cantidad de métodos para determinar la manera más efectiva de aislar al microorganismo a partir de muestras clínicas y de alimentos y su consiguiente identificación (Lovett *et al.,* 1987; McClain y Lee, 1988; Fraser y Sperber, 1988; Curtis *et al.,* 1989; van Netten *et al.,* 1989; Bille *et al.,* 1992; Curtis y Lee, 1995).

Los laboratorios de las industrias alimentarias utilizan normalmente métodos convencionales para la detección e identificación de *Listeria* spp. y *L. monocytogenes*. Los tests de ausencia/presencia (detección) en 25 g son los más comúnmente utilizados en alimentos, pero también se realizan recuentos por gramo, particularmente cuando es necesaria una investigación sobre un riesgo concreto para la salud pública. Normalmente en el caso de muestras del entorno, se aplican los tests de presencia/ausencia (detección) mediante hisopo u otros materiales concretos.

Los métodos de selección emplean un enriquecimiento selectivo en caldo, por ejemplo, Caldo de Enriquecimiento para Listeria de la FDA

(FDA Listeria Enrichment Broth) (sin tamponar, LEB, o tamponado, BLEB), los caldos de enriquecimiento primario y secundario de la Universidad de Vermont (UVM 1 y UVM 2), caldo Fraser y el caldo Half Fraser, seguido por el aislamiento de colonias en agares selectivos, por ejemplo, Agar LPM, Agar Oxford, Agar PALCAM. Estos medios selectivos contienen varias combinaciones de antibióticos y otros productos químicos selectivos/diagnósticos, por ejemplo, acriflavina, cicloheximida, ácido nalidíxico, cefotetano, polimixina B, fosfomicina, sulfato de colistina, cloruro de litio y esculina (Curtis y Lee, 1995). Las colonias que crecen en los agares selectivos y muestran la morfología típica de *Listeria* spp. en ese medio, son designadas como presuntas (sospechosas) *Listeria* spp. y se realiza una posterior identificación a nivel de especie mediante el análisis de las características bioquímicas y hemolíticas (Tablas 6.1 y 6.2). Cuando sea necesario el recuento del microorganismo (contaje de colonias/unidades formadores de colonias por gramo), se inoculan directamente volúmenes (0,1-0,5 ml) de las diluciones seriadas de la muestra, mediante la técnica de extensión en superficie de una placa de agar selectivo.

Como se pueden aislar más de una especie de *Listeria* a partir de cualquier muestra, en particular de las muestras del entorno, normalmente se seleccionan un mínimo de 3 colonias que exhiban la morfología característica de *Listeria* spp. en un agar selectivo para su identificación a nivel de género y especie. Estas colonias «presuntas» son primero aisladas mediante su siembra en estría sobre un agar no selectivo, como un agar nutritivo o un agar tripticasa soja con extracto de levadura (TSAYE), antes de su identificación. Los métodos estándar internacionales publicados (Anon., 1993; Anon., 1995c) utilizan un enfoque similar. La Figura 6.1 ilustra el procedimiento general utilizado para el aislamiento de *Listeria* spp.

Tabla 6.1 Características utilizadas para identificar a *Listeria* spp.

Test	*Reacción de Listeria spp.*
Tinción Gram	Positivo
Morfología celular	Bacilos no esporulados
Movilidad	Positivo a movilidad en «piruetas» a 20-22°C
Catalasa	Positivo
Oxidasa	Negativo
Hidrólisis de la esculina	Positivo
Indol	Negativo
Ureasa	Negativo
Condiciones de crecimiento	Aerobio y anaerobio facultativo

Si el procesado puede haber dañado a las listerias, por ejemplo, alimentos congelados o desecados, puede ser necesario el recuperar a las células antes de que sean expuestas a los agentes selectivos utilizados en los medios de enriquecimiento. Con este fin, puede ser útil la preincubación de las muestras en un medio no selectivo o un medio base antes de la adición de los agentes selectivos.

Muchos autores han observado que el uso del LEB tamponado a 30°C durante 48 h o el UVM1 a 30°C durante 24 h seguido por un subcultivo en caldo Fraser, es el procedimiento de enriquecimiento convencional más adecuado. En muchos casos, los caldos de enriquecimiento se siembran después en Agar Oxford, Agar Oxford Modificado o Agar PALCAM.

Si sólo pueden estar presentes en el alimento bajos niveles de *Listeria,* deben utilizarse los métodos de detección más fiables mediante el examen de muestras tomadas al final del tiempo de conservación del alimento. En consecuencia, es importante el analizar los productos tanto al principio como al final del periodo de conservación cuando se está controlando la incidencia de *Listeria* en alimentos que favorecen su crecimiento.

MÉTODOS ALTERNATIVOS

El desarrollo de los métodos convencionales ha explotado las características de *Listeria* spp., utilizando los enfoques microbiológicos tradicionales que se basan en el conocimiento de los requerimientos de crecimiento del microorganismo y las características bioquímicas conocidas desde que los microbiólogos hallaron por primera vez al microorganismo (Seeliger y Jones, 1986). Estos métodos son, sin embargo, muy laboriosos y prolongados, obteniéndose los resultados para las muestras que no contienen *Listeria* (resultados negativos) tras 3 ó 4 días. Si las colonias presentes en un agar selectivo exhiben las características morfológicas típicas de *Listeria* spp., son necesarios de 2 a 7 días más para confirmar a estas colonias sospechosas como *Listeria* spp. e identificar que especie está presente. Por consiguiente, existe la necesidad de suplir los métodos convencionales con métodos más simples y menos laboriosos, que preferiblemente sean capaces de dar los resultados mucho más rápidamente que los métodos convencionales.

Cuando se selecciona cualquier método para su uso, deben considerarse los siguientes atributos:

- sensibilidad
- especificidad

Tabla 6.2 Diferenciación convencional de *Listeria* spp.

		Producción de ácido a partir de		*Reacción de Christie, Atkins, Munch-Petersen (CAMP) en sangre de oveja con*	
Especies	*β-hemólisis*	*L-ramnosa*	*D-xilosa*	*Staphylococcus aureus*	*Rhodococcus equi*
L. monocytogenes	+	+	–	+	–
L. innocua	–	V	–	–	–
L. ivanovii	++	–	+	–	+
L. welshimeri	–	V	+	–	–
L. seeligeri	(+)	–	+	(+)	–
L. grayi	–	–	–	–	–

++: fuerte reacción positiva
+: reacción positiva
(+): reacción positiva débil
–: reacción negativa
V: reacción variable

Día 1: porción de 25 g/ml + 225 ml de medio de enriquecimiento selectivo

30°C ↓ 48 horas

Día 3: subcultivo mediante estría del caldo incubado a un agar selectivo

30°C ↓ 48 horas

Día 5: subcultivo de las colonias seleccionadas como sospechosas en agar tripticasa soja con extracto de levadura para su aislamiento

30°C ↓ 24 horas

Día 6: realizar los tests de identificación en colonias aisladas

Figura 6.1 Procedimiento general convencional para la detección e identificación de *Listeria* spp.

- simplicidad
- robustez
- fiabilidad
- la necesidad de pruebas adicionales para confirmar resultados presuntivos, tiempo «en la práctica» y tiempo utilizado para obtener el resultado final
- necesidad de personal entrenado y/o equipamientos especiales
- coste por ensayo.

Actualmente existen una gran variedad de métodos alternativos para la detección e identificación de *Listeria* spp. (Tabla 6.3) y la lista crece rápidamente ya que las nuevas tecnologías están siendo explotadas para su aplicación según las necesidades de los microbiólogos. Se encuentran disponibles actualizaciones regulares de los métodos alternativos de ensayo microbiológico comerciales junto con útiles referencias clave y el estado de validación del método (Betts, 1996).

Muchos tests alternativos dependen de la presencia de un número mínimo de células diana para una detección fiable y los procedimientos especificados para su uso, en el kit o test de un fabricante, están diseñados para asegurar un resultado fiable. Para evitar falsos negativos o falsos positivos, siempre es importante leer y comprender la información técnica suministrada por el fabricante del kit/test y seguir cuidadosamente las instrucciones para la realización de la prueba.

Las secciones siguientes describen algunos de los métodos de ensayo alternativos más comúnmente utilizados en los análisis rutinarios en los laboratorios. La Tabla 6.4 resume parte de la información práctica concerniente al uso de algunas de las tecnologías que se aplican para un aislamiento y/o identificación específico de *L. monocytogenes*. Cuando

Tabla 6.3 Ejemplos de métodos alternativos disponibles para la detección y/o identificación de *Listeria* spp. y *L. monocytogenes*.

Tipo de test	*Nombre del test*	*Distribuidor en el Reino Unido*
Kits de pruebas bioquímicas miniaturizados	API Listeria Microbact 12L *Listeria* MicroID	bioMérieux UK Ltd Microgen Bioproductos Ltd Organon Teknika Ltd
Test de screening enzimático	Key ID *Listeria*	LabM
Ensayo inmunosorbente con enzima ligado (ELISA)	*Listeria*-Tek™ *Listeria* Visual Immunoassay *Listeria* Detection Kit Unique *Listeria*	Organon Teknika Ltd TECRA diagnostics Transia Ltd TECRA diagnostics
Inmunoensayo fluorescente con enzima ligado	VIDAS *Listeria* VIDAS *Listeria monocytogenes*	bioMérieux UK Ltd bioMérieux UK Ltd
Inmunoensayo con látex ligado	Oxoid Listeria Rapid Test (Clearview)	Oxoid Ltd
Separación inmunomagnética	Listertest Lift	Vicam L.P., USA
Aglutinación en látex	Microscreen *Listeria*	Microgen Bioproducts Ltd
Sondas de hibridación de ácidos nucleicos	Gene Trak test for *Listeria* Gene Trak test for *Listeria monocytogenes* Gen-Probe (Accuprobe) test for *Listeria monocytogenes*	Gene Trak Systems Gene Trak Systems Eurogenetics UK
Tipado molecular mediante fragmentación del DNA, electroforesis en gel y quimioluminiscencia	RiboPrinter™	FQMS, LLC, Dupont, USA
Reacción en cadena de la polimerasa (PCR)	TaqMan System Bax™ system	Perkin Elmer Applied Biosystems Qualicon, Dupont, USA

se llevan a cabo las pruebas para confirmar la identidad de *L. monocytogenes,* es una buena práctica el utilizar cultivos puros. Cuando ha sido posible, se ha incluido en la tabla, el tiempo necesario para la obtención de cultivos puros en el total de tiempo aproximado para obtener un resultado del examen de las colonias o caldos presuntamente positivos.

Kits de identificación bioquímica

Son unas de las formas más simples de los sistemas de ensayo para la identificación *de L. monocytogenes* que ahorran trabajo. Consisten en una batería de reacciones bioquímicas que tienen lugar en cámaras ya formadas, suministradas en una unidad desechable. Normalmente, tras la incubación y la incubación de las cámaras de ensayo, las reacciones se comprueban mediante un cambio concreto del color en el medio. Tras la verificación, se obtiene un perfil del microorganismo, que se utiliza para determinar al identidad de las especies de *Listeria.* Para una identificación específica de *L. monocytogenes,* puede ser necesario complementar los resultados obtenidos con un test CAMP y de hemólisis realizados por separado.

También se encuentran disponibles algunos kits específicos de reacciones enzimáticas, por ejemplo Key ID *Listeria,* y pueden ser utilizados para diferenciar de forma rápida las colonias de *Listeria* spp. de otras colonias de microorganismos que son esculina positivos en agar Oxford.

Ensayo inmunosorbente con enzima ligado (ELISA)

Los tests de ELISA hacen uso de la alta especificidad que un anticuerpo presenta sobre su antígeno diana; en este caso, *Listeria* spp. Los anticuerpos anti-*Listeria* están unidos a un substrato sólido, por ejemplo, la superficie interna de los pocillos de una placa «microtitre», y se utilizan para capturar a los antígenos de *Listeria* presentes en el caldo de enriquecimiento que se coloca en el pocillo. Tras una secuencia de manipulaciones que incluyen lavados, la adición de otros reactivos e incubaciones, se obtiene un producto final coloreado en aquellos pocillos que contienen *Listeria.* Es necesario un enriquecimiento de la muestra mediante el uso de caldos de enriquecimiento convencionales para asegurarse que se encuentran disponibles un número suficiente de células diana (10^5-10^6 por ml) para la detección de una muestra positiva.

Tabla 6.4 Algunos aspectos asociados con el uso de métodos alternativos y convencionales para la detección e identificación de *Listeria* spp. y *L. monocytogenes*.

Test	*Resultado presuntivo/confirmado*	*Posterior confirmación/ identificación necesaria*	*Tiempo aproximado para llevar a cabo el test específico*	*Tiempo aproximado total para obtener un resultado negativo a partir del muestreo inicial**	*Tiempo aproximado total para obtener un resultado confirmado a partir del muestreo inicial**
Convencional: enriquecimiento en caldo y placa	Presuntivo	Sí	4 días	4 días	6 días
Pruebas bioquímicas	Confirmación e identificación de una colonia aislada	No	24 h	6 días	6 días
Pruebas de screening enzimático	Presuntivos	Sí	15 min	4 días	6 días
Inmunoensayos/ELISA	*Listeria* Tek: presuntivo	Sí	2 h	50 h	6 días
	Tecra Visual: presuntivo	Sí	2 h	50 h	6 días
	Transia *Listeria*: presuntivo	Sí	1,5 h	50 h	6 días
	Tecra unique: presuntivo	Sí	8 h	32 h	5 días
	Vidas *Listeria*: presuntivo	Sí	45 min	48 h	6 días
	Oxoid Clearview: presuntivo	Sí	45 min	43 h	6 días
Perlas inmunomagnéticas	Dynal: presuntivo	Sí	1 h	3-4 días	5-6 días
	Vicam Listertest Lift: presuntivo	Sí	24 h	24-30 h	2-3 días
Inmunoaglutinación en látex	Presuntivo	Sí	< 5 min	48 h a partir de caldo	6 días
				4 días a partir de placa	6 días

Tabla 6.4 *(Continuación).*

Test	*Resultado presuntivo/confirmado*	*Posterior confirmación/ identificación necesaria*	*Tiempo aproximado para llevar a cabo el test específico*	*Tiempo aproximado total para obtener un resultado negativo a partir del muestreo inicial**	*Tiempo aproximado total para obtener un resultado confirmado a partir del muestreo inicial**
Eléctrico	Presuntivo	Sí	Hasta 30 h	54 h	6 días
Sondas de hibridación para ácidos nucleicos	Gene-probe: confirmado	No	45 min	48 h a partir de caldo 4 días a partir de placa	48 h a partir de caldo 4 días a partir de placa
	Gene Trak: confirmado	No	3 h	50 h	50 h
Reacción en cadena de la polimerasa	Bax: confirmado	No	5 h	24 h	24 h

* Incluye el tiempo que puede ser necesario para cualquier cultivo asociado, por ejemplo, antes de la realización del test, el aislamiento de los cultivos positivos sospechosos antes de realizar los tests de confirmación.

Normalmente, los resultados positivos obtenidos mediante ELISAs son confirmados por la siembra en estría del caldo de enriquecimiento original sobre un agar selectivo y siguiendo después el método convencional para identificar a las especies de *Listeria* presentes.

Los ELISAs pueden proporcionar una exploración rápida de las muestras, disponiendo de un resultado negativo en 48 h y de una indicación temprana potencial de un resultado positivo.

Separación inmunomagnética

Esta técnica se utiliza para mejorar la sensibilidad y especificidad de los métodos selectivos convencionales para la detección de la presencia de *Listeria* spp. en las muestras. Emplea pequeñas (< 100 μm) perlas magnéticas recubiertas con anticuerpos frente a *Listeria*. Las propiedades magnéticas de las perlas se utilizan para separar las células del caldo, éstas son sembradas en un agar selectivo y se sigue después el método convencional para identificar cualquier *Listeria* spp. aislada. En otra aplicación de la técnica, de uso todavía no muy extendido, las perlas se utilizan para capturar y concentrar a *Listeria* spp. directamente a partir de la suspensión de la muestra. Entonces se retiran las perlas y se transfieren directamente a la superficie de una placa de agar selectivo. Se incuban las placas para producir microcolonias, las cuales a su vez se retiran mediante una impronta con una membrana, para su examen mediante técnicas de «inmunoblotting» cromogénicas para el recuento de las colonias positivas a *Listeria* spp. (Listertest Lift).

Test de inmunocromatografía y aglutinación en látex

Los anticuerpos frente a antígenos flagelares de *Listeria* se inmobilizan en línea sobre una membrana. El caldo de enriquecimiento ya crecido recibe un tratamiento térmico antes de ser expuesto a partículas de látex unidas a anticuerpos específicos frente a *Listeria* dispersas en la base de la membrana. Si se encuentran presentes antígenos de *Listeria,* las partículas de látex se unen a ellos mediante los anticuerpos específicos y se aproximan a la membrana. Los anticuerpos inmobilizados en la membrana capturan el complejo *Listeria*-anticuerpo-látex y al ir concentrándose las partículas de látex, se forma una línea de color que indica un resultado positivo.

También pueden utilizarse tests de aglutinación con perlas de látex recubiertas de anticuerpos para detectar *Listeria* spp. directamente a partir del cultivo en el caldo de enriquecimiento, aunque se utilizan más comúnmente para explorar colonias presuntivas de *Listeria* en agares selectivos ya que son necesarios altos niveles antes de que la agregación de las partículas de látex sea visible.

Estos métodos ofrecen especificidad y ahorro de tiempo; sin embargo, debido a las potenciales reacciones de falsos positivos, la presencia de *Listeria* spp. se confirma normalmente mediante la siembra en estría a partir del caldo de enriquecimiento original sobre un agar selectivo y siguiendo después los métodos convencionales para su identificación.

Sondas genéticas

Las técnicas de mayor especificidad actualmente disponibles para su uso rutinario en la detección e identificación de las especies del género *Listeria* se basan en el uso de sondas genéticas. Consisten en secuencias de DNA producidas sintéticamente que son complementarias a secuencias de DNA o RNA específicas de los microorganismos diana: tanto las especies del género *Listeria* como *L. monocytogenes*.

Las sondas genéticas se aplican normalmente a las colonias cultivadas en medios selectivos o agar nutritivo (Klinger *et al.*, 1988; Bobbitt y Betts, 1992). Pueden aplicarse directamente a los caldos tras un periodo de incubación de 48 h, pero este método podría dar falsos negativos si las células de *Listeria* no han alcanzado una concentración suficientemente elevada (10^6 por ml) para dar una reacción positiva.

La alta especificidad de estas pruebas tiene como consecuencia que una vez que se obtiene un resultado no es necesario ningún test confirmatorio a menos que se necesite información concreta de la identificación genética («fingerprint») de la colonia aislada. Las pruebas de identificación genética pueden ser complejas y es mejor que las lleve a cabo un centro nacional de tipado para *L. monocytogenes* (ver Apéndice).

Técnicas eléctricas

Las técnicas eléctricas para la detección de microorganismos se basan en la capacidad de los instrumentos de controlar y detectar pequeños cambios en las propiedades eléctricas de un medio en el cual está creciendo un microorganismo.

Se han desarrollado caldos específicos que favorecen el crecimiento de *Listeria* spp. Al crecer el microorganismo, se utilizan sustratos concretos del caldo, dando lugar a productos del metabolismo que producen cambios detectables en la conductancia. Estas variaciones son registradas como una curva de conductancia. La curva generada es controlada mediante ordenador; si se ajusta a ciertos criterios prefijados, se registra la muestra como positiva y el caldo se considera presuntamente positivo a especies del género *Listeria*. La confirmación de cualquier caldo presuntamente positivo se realiza mediante la siembra en estría a partir del caldo en un agar selectivo y siguiendo después los métodos convencionales para identificar a *Listeria* spp. presente.

Métodos de «fingerprinting» o identificación genética

Normalmente, una vez se ha aislado e identificado a *L. monocytogenes* a nivel de especie mediante el uso de métodos convencionales, este grado de identificación junto con la información de la muestra asociada es suficiente para el microbiólogo de los alimentos que interpreta los resultados en función de los requerimientos originales del test, por ejemplo, la especificación para la compra de un producto. Sin embargo, a veces puede ser necesaria una discriminación posterior de la identidad de la cepa aislada, particularmente si es necesario rastrear el origen de la cepa en relación con casos de sospecha de enfermedad.

La capacidad de subtipado o realizar una identificación genética («fingerprint») de *L. monocytogenes* es importante en la vigilancia de la listeriosis así como en la investigación de los brotes de la enfermedad y su rastreo en el procesado de los alimentos y en las situaciones ambientales/ecológicas. Hay disponibles varias técnicas que permiten realizar una identificación genética de las cepas de *L. monocytogenes,* permitiendo un rastreo fiable de las cepas en el ambiente de la fábrica. Estas técnicas incluyen el serotipado, el fagotipado, la producción de listeriocinas y su capacidad de inhibir el crecimiento de un panel de cepas indicadoras, el ribotipado, electroforesis en gel con campos pulsantes (PFGE) y el DNA polimórfico amplificado al azar (RAPD). Si se requiere este grado de identificación, debe de obtenerse los servicios de un laboratorio experto en estas técnicas y en la interpretación de los resultados (ver Apéndice).

Siempre es importante asegurarse que el método utilizado detectará de forma fiable a *Listeria* spp. y *L. monocytogenes* (si se encuentra presente) en el alimento objeto de estudio. Puede ser necesario confirmar inicialmente mediante experimentación, que un método concreto es adecuado para el fin buscado. Subsiguientemente, en el uso rutinario, deben emplearse sistemas de aseguramiento de la calidad (internos y externos) para verificar la eficacia del test puesto en marcha.

Existen una gran variedad de fuentes que pueden ser utilizadas como guía para una selección apropiada del método. Se encuentran disponibles publicaciones nacionales e internacionales de métodos estándar, por ejemplo, por el Instituto Británico de Normas (*British Standards Institution*), la Organización Internacional de Normas y la Federación Internacional de Industrias Lácteas. Además, los métodos han sido revisados, puestos en práctica y validados por instituciones de reputación como el Servicio de Laboratorios de Salud Pública (Reino Unido), la Asociación Oficial de Químicos Analíticos (EE UU) y la Asociación para la Investigación Alimentaria de Campdem y Chorleywood (Reino Unido).

7

El futuro

Durante toda la última década en particular, se han utilizado consideraciones comerciales en el desarrollo de alimentos que sean cada vez más innovadores. La fácil disponibilidad de materias primas alimentarias provenientes de cualquier lugar del mundo que ha conducido al uso de ingredientes más «exóticos» y el fin de los «intervalos entre temporadas», lo que ha permitido que alimentos normalmente de temporada estén disponibles durante todo el año, han dado rienda suelta a una tecnología de los alimentos innovadora.

Los avances en la disponibilidad de la materia prima y nuevas aplicaciones, junto con el desarrollo en las tecnologías de procesado, las de envasado y los sistemas de almacenamiento y distribución, suponen un desafío continuo para los microbiólogos y tecnólogos de alimentos que idean y mantienen los controles de la seguridad del alimento.

El mercado de alimentos refrigerados se ha incrementado de forma importante durante la pasada década, incluyendo sabrosos platos preparados («cocina casera»), productos y postres lácteos, sándwiches y otros tentempiés («snacks»). Se elaboran combinaciones cada vez más novedosas y complejas de materias primas en sistemas comerciales a gran escala, utilizando una amplia variedad disponible de carnes, carne de ave, carne de caza, pescado, marisco, leche y productos lácteos, huevos, hortalizas (raíces, hojas y ensalada), cereales, frutos secos, hierbas y especias.

Se encuentran en fase de desarrollo tecnologías de procesado de los alimentos alternativas y se están explorando nuevas aplicaciones para las tecnologías existentes para su uso en procesos de producción de alimentos. Ejemplos de estas tecnologías son los procesos de calentamiento óhmico, la irradiación, la ultrafiltración, las altas presiones y la luz de alta intensidad. En muchos casos, sus efectos sobre la supervivencia de los microorganismos respecto a la seguridad y alteración del alimento todavía no han sido determinados. De forma clara, debe incluirse una lista de las bacterias patógenas ya conocidas, incluyendo a *L. monocytogenes,* al considerar las implicaciones de los nuevos planteamientos en el desarrollo de alimentos y la aplicación de tecnologías alternativas en el procesado de los mismos.

Para minimizar los potenciales problemas de salud pública que puedan aparecer por la presencia y crecimiento de *L. monocytogenes,* es esencial que se apliquen unas consideraciones basadas en el análisis de riesgos y control de puntos críticos ya en la primera fase de desarrollo de todos los alimentos y procesos nuevos.

Glosario de términos

Actividad de agua (a_w) Una medida de la disponibilidad de agua para el crecimiento y metabolismo de los microorganismos. Se expresa como la relación entre la presión de vapor de agua de un alimento o disolución respecto a la del agua pura a la misma temperatura.

Análisis con enzimas de restricción (REA) Un método para diferenciar entre colonias aisladas de la misma especie basándose en los modelos obtenidos a partir de la separación de los fragmentos de DNA en geles de agarosa tras su digestión con uno o más enzimas de restricción, por ejemplo *Eco*R1, *Hae*III, *Hha*I o *Xho*I. Las diferencias en los perfiles de bandas de las dos colonias aisladas se atribuyen al polimorfismo en la longitud de los fragmentos de restricción.

Bacteriocinas Antibióticos de naturaleza proteica producidos por distintas cepas de bacterias gram-positivas y gram-negativas. Inhiben o matan a otras bacterias (a menudo cepas emparentadas).

Biotipado El método convencional para diferenciar los tipos de bacterias mediante sus propiedades metabólicas y/o fisiológicas.

CAMP test (Test de Christie, Atkins, Munch-Petersen) Una reacción de hemólisis sinérgica en la que se obtiene un incremento característico de una reacción de hemólisis en agar con sangre de oveja cuando se cultiva una cepa de *Staphylococcus aureus* con una β-hemólisis débil, junto con *L. monocytogenes* pero no con *Rhodococcus equi* (ver Tabla 6.2).

Cepa Una colonia o grupo de colonias que puede distinguirse de otros del mismo género y especie por sus características fenotípicas y/o genotípicas.

DNA polimórfico amplificado al azar (RADP) Una modificación de la PCR que permite una amplificación al azar de segmentos desconocidos de DNA utilizando un único oligonucleótido iniciador. Se obtienen un número de fragmentos, cuyos tamaños y distribución se utilizan para comparar colonias aisladas.

Electroforesis de enzima multilocus (MEE) Un método utilizado para distinguir entre aislados de la misma especie en base a los patrones de migración de los enzimas solubles en agua, obtenidos mediante electroforesis de los extractos celulares.

Electroforesis en gel con campos pulsantes (PFGE) Una técnica que permite obtener patrones de los fragmentos de restricción cromosómicos.

Enzimas de restricción (endonucleasas de restricción) Enzimas que atacan al DNA. Cada enzima reconoce una secuencia de nucleótidos concreta y diferente y corta el DNA en un lugar específico.

Fagotipado Método utilizado para distinguir entre bacterias de la misma especie basándose en su susceptibilidad frente a una batería de virus bacterianos (bacteriófagos).

Fenotipo Las características observables de un organismo, que incluyen el biotipo, el serotipo el fagotipo y el tipado por bacteriocinas

Genotipado Métodos utilizados para diferenciar bacterias que se basan en la composición en ácidos nuleicos.

Hibridación Southern (transferencia southern) Un método utilizado para transferir DNA de cadena sencilla desde un gel de agarosa a un filtro de nitrato de celulosa donde se puede fijar y utilizar sondas marcadas para identificar moléculas de DNA complementario de entre otros fragmentos de DNA.

Incertae sedis De posición taxonómica incierta.

Microorganismos indicadores Aquellos microorganismos cuya presencia sugiere un procesado inadecuado para su seguridad.

Pasterización Un tipo de tratamiento térmico que mata a las formas vegetativas de microorganismos patógenos y alterantes en la leche y otros alimentos, por ejemplo el proceso de pasterización común para la leche es de 71,7°C durante 15 s.

Polimorfismo La capacidad de presentarse en 2 o más tipos distintos morfológicamente (morfotipos) dependiendo de las condiciones que prevalezcan.

Psicrótrofos Microorganismos que pueden crecer a temperaturas tan bajas como –5°C pero que presentan su temperatura óptima de crecimiento en el rango de la mesofilia (20-30°C).

Reacción en cadena de la polimerasa (PCR) Una técnica utilizada para amplificar el número de copias de una región preseleccionada del DNA hasta alcanzar un nivel suficiente para su detección.

Ribotipado Un método para caracterizar los aislados microbianos según su patrón de RNA ribosómico (ribotipo) e identificar un aislado mediante la comparación del patrón obtenido con una base de datos de patrones.

Serotipado Un método para distinguir bacterias en función de sus propiedades antigénicas.

Sous vide Normalmente son los alimentos compuestos pasterizados y envasados al vacío destinados para catering. A menudo, a estos productos se les da un periodo de conservación prolongado a temperaturas de refrigeración (≤ 2°C).

Tratamiento a temperaturas ultra elevadas (UHT) Un tratamiento a temperaturas ultra elevadas (138-142°C durante 2-5 s) aplicado a alimentos líquidos seguido normalmente por un envasado aséptico para la producción de alimentos estables durante largos periodos a temperatura ambiente.

Valor D El tiempo necesario (expresado normalmente en minutos) a una temperatura determinada para reducir el número de células o esporos viables de un determinado microorganismo al 10% de la población inicial.

Valor z El aumento en la temperatura (°C) necesario para disminuir 10 veces el valor D.

Apéndice: centros nacionales para el tipado de cultivos de *Listeria*

Public Health Laboratory Service
Food Hygiene Laboratory
Listeria Section
61 Colindale Avenue
London NW9 DF
UK

Centre National de Référence pour la Lysotypie et le Typage
Moléculaire de *Listeria*
WHO Collaborating Center for Foodborne Listeriosis
Département de Bactériologie
Institut Pasteur
28 rue du Dr Roux
75724 Paris Cedex 15
France

Foodborne and Diarrheal Disease Branch
Division of Bacterial and Mycotic Diseases
Centers for Disease Control and Prevention
1600 Clifton Road
Atlanta
Georgia 30333
USA

Swiss National Centre for Listeriosis
WHO Collaborating Centre for Foodborne Listeriosis
CHUV Lausanne
Switzerland

Referencias

Anon. (1988) Foodborne Listeriosis. Report of a WHO Informal Working Group. *Bulletin of the World Health Organization,* **66**, 421-428.

Anon. (1990a) *Food Safety Act, 1990,* Chapter 16. HMSO, London.

Anon. (1990b) *Airline Catering Code of Good Catering Practice.* Airline Caterers Technical Co-ordinating Committee, London.

Anon. (1991) *Food and Drink - Good Manufacturing Practice: A Guide to its Responsible Management,* 3rd edn. Institute of Food Science and Technology, London.

Anon. (1992) *Safer Cooked Meat Production Guidelines. A 10 point plan.* Department of Health, UK.

Anon. (1993) *Microbiological Examination for Dairy Purposes. Part 3. Metbods for Detection and/or Enumeration of Specific Groups of Microorganisms. Section 3.15: Detection of* Listeria monocytogenes, International Standards Organization 10560: 1993, British Standard 4285. British Standards Institution, London.

Anon. (1995a) *Report on the National Study of Ready-to-eat Meats and Meat Products. Part 1.* Ministry of Agriculture, Fisheries and Food, UK.

Anon. (1995b) *The Dairy Products (Hygiene) Regulations 1995, Statutory Instruments No. 1086.* HMSO, London.

Anon. (1995c) *Milk and Milk Products: Detection of* Listeria monocytogenes. *Provisional Standard 143A.* International Dairy Federation, Brussels.

Anon. (1996a) *Report on the National Study of Ready-to-eat Meats and Meat Products. Part 2.* Ministry of Agriculture, Fisheries and Food, UK.

Anon. (1996b) *Report on the National Study of Ready-to-eat Meats and Meat Products~ Part 3.* Ministry of Agriculture, Fisheries and Food, UK.

Anon. (1996c) *Proposed Draft Guidelines for the Application of the Hazard Analysis Critical Control Point System,* ALINORM 97/13, Annex to Appendix II Codex Committee on Food Hygiene, Codex Alimentarlus Commission, Rome.

Anon. (1996d) *Proposed Draft Revised Principles for the Establishment and Application of Microbiological Criteria for Foods,* ALINORM 97/13, Annex to Appendix III. Codex Committee on Food Hygiene, Codex Alimentarius Commission, Rome.

Anon. (1996e) Microbiological guidelines for some ready-to-eat foods sampled at the point of sale: an expert opinion from the Public Health Laboratory Service. *PHLS Microbiology Digest,* **13**(1), 41-43.

Anon. (1997a) Listeriosis in England and Wales: 1983 to 1996. *Communicable Disease Report,* **7**(11), 95.

Anon. (1997b) *Guidelines for Good Hygienic Practice in the Manufacture of Chilled Foods,* 3rd edn. Chilled Food Association, London.

Anon. (1997c) *Food MicroModel,* version 2.5. Food MicroModel Ltd., Randalls Road, Leatherhead, Surrey, UK (models funded by the Ministry of Agriculture, Fisheries and Food, UK).

Anon. (1997d) *The Specialist Cheesemakers'Code of Best Practice.* The Specialist Cheesemakers'Association, Newcastle under Lyme.

Anon. (1997e) *Report on the National Study of Ready-to-eat Meats and Meat Products. Part 4.* Ministry of Agriculture, Fisheries and Food, UK.

Anon. (1997f) Development and use of microbiological criteria for foods. *Food Science Technology Today,* **11**(3), 137-177.

Baker, M., Brett, M., Short, P. *et al.* (1993) Listeriosis and mussels. *Communicable Disease New Zealand,* **93**(1), 13-14.

Ben Embarek, P.K. (1994) Presence, detection and growth of *Listeria monocytogenes* in seafoods: a review. *International Journal of Food Microbiology,* **23**, 17-34.

Ben Embarek, P.K., Hansen, L.T., Enger, O. *et al.* (1997) Occurrence of *Listeria* spp. in farmed salmon and during subsequent slaughter: comparison of Listertest^{TM} Lift and the USDA method. *Food Microbiology,* **14**, 39-46.

Betts, R.P. (1996) *The Catalogue of Rapid Microbiological Methods,* Review No. 1, 2nd edn. Campden and Chorleywood Food Research Association, UK.

Beuchat, L.R. (1996) *Listeria monocytogenes:* incidence on vegetables. *Food Control,* **7**(4/5), 223-228.

Bille, J. (1990) Epidemiology of human listeriosis in Europe, with special reference to the Swiss outbreak, in *Foodborne Listeriosis* (eds A.J. Miller J.L. Smith and G.A. Somkuti). Elsevier, Amsterdam, pp. 71-74.

Bille, J., Catimel, B., Bannerman, E. *et al.* (1992) API *Listeria,* a new and promising one-day system to identify *Listeria* isolates. Applied *and Environmental Microbiology,* **58**, 1857-1860.

Bobbitt, J.A. and Betts, R.P. (1992) Confirmation of *Listeria monocytogenes* using a commercially available nucleic acid probe. *Food Microbiology,* **9**, 311-317.

Boerlin, P., Rocourt, J., Grimont, F. *et al.* (1992) *Listeria ivanovii* subsp. *londoniensis* subsp. nov. *International Journal of Systematic Bacteriology,* **42**(1), 69-73.

Bremer, P.J. and Osborne, C.M. (1995) Thermal-death times of *Listeria monocytogenes* in green shell mussels *(Perna canaliculus)* prepared for hot smoking. *Journal of Food Protection,* **58**(6), 604-608.

Carlier, V., Augustin, J.C. and Rozier, J. (1996a) Heat resistance of *Listeria monocytogenes* (Phagovar 2389/2425/3274/2671/47/108/340): D and z values in ham. *Journal of Food Protection,* **59**(6), 588-591.

Carlier, V, Augustin, J.C. and Rozier, J. (1996b) Destruction of *Listeria monocytogenes* during a ham cooking process. *Journal of Food Protection,* **59**(6), 592-595.

Collins, M.D., Wallbanks, S., Lane, D.J. *et al.* (1991) Phylogenetic analysis of the genus *Listeria* based on reverse transcriptase sequencing of 16S rRNA. *International Journal of Systematic Bacteriology,* **41**, 240-246.

Curtis, G.D.W and Lee, W.H. (1995) Culture media and methods for the isolation *of Listeria monocytogenes. International Journal of Food Microbiology,* **26**, 1-13.
Curtis, G.D.W, Mitchell, R.G., King, A.F. *et al.* (1989) A selective differential medium for th isolation of *Listeria monocytogenes. Letters in Applied Microbiology,* **8**, 95-98.
Dalton, C.B., Austin, C.C., Sobel, J. *et at.* (1997) An outbreak of gastro-enteritis and fever due to *Listeria monocytogenes* in milk. *The New England Journal of Medicine,* **336**(2), 100-105.
Dean, J.P. and Zottola, E.A. (1996) Use of nisin in ice cream and effect on the survival of *Listeria monocytogenes. Journal of Food Protection,* **59**(5), 476-480.
Department of Health (1989) *Advice to vulnerable groups on pâté stands,* Press Release 89/369. Department of Health, London.
Department of Health (1996) *While you are pregnant: how to avoid infection from food and from contact with food animals.* Department of Health, London.
Dillon, R., Patel, T. and Ratnam, S. (1994) Occurrence of *Listeria* in hot- and coldsmoked seafood products. *International Journal of Food Microbiology,* **22**, 73-77.
Eklund, M.W, Poysky, F.T., Paranjpye, R.N. *et al.* (1995) Incidence and sources of *Listeria monocytogenes* in cold-smoked fishery products and processing plants. *Journal of Food Protection,* **58**(5), 502-508.
Farber, J.M. and Daley, E. (1994) Presence and growth of *Listeria monocytogenes* in naturally contaminated meats. *International Journal of Food Microbiology,* **22**, 33-42.
Farber, J.M. and Harwig, J. (1996) The Canadian position on *Listeria monocytogenes* in ready-to-eat foods. *Food Control,* **7**(4/5), 253-258.
Fenlon, D.R., Wilson, J. and Donachie, W. (1996) The incidence and level of *Listeria monocytogenes* contamination of food sources at primary production and initial processing. *Journal of Applied Bacteriology,* **81**, 641-650.
Fleming, D.W, Cochi, S.L., MacDonald, K.L. *et al.* (1985) Pasteurized milk as a vehicle of infection in an outbreak of listeriosis. *New England Journal of Medicine,* **312**(7), 404-407.
Fraser, J.A. and Sperber, W.H. (1988) Rapid detection of *Listeria* spp. in food and environmental samples by aesculin hydrolysis. *Journal of Food Protection,* **51**, 762-765.
Gilbert, R.J. (1996) Zero tolerance for *Listeria monocytogenes* in foods - is it necessary or, realistic? *Food Australia,* **48**(4), 169-170.
Gitter, M. (1989) Veterinary aspects of listeriosis. *PHLS Microbiology Digest,* **6**(2), 38-42.
Goulet, V, Jacquet, C., Vaillant, V *et al.* (1995) Listeriosis from consumption of raw-milk cheese. *The Lancet,* **345**, 1581-1582.
Goulet,V., Lepoutre, A., Rocourt, J. *et al.* (1993) Épidémie de listériose en France - Bilan final et résultats de l'enquete épidémiologique. *Bulletin Épidémiologie Hehdomaire,* **4**, 13-14.
Grant, M.A., Eklund, C.A. and Shields, S.C. (1995) Monitoring dairy silage for five bacterial groups with potential for human pathogenesis. *Journal of Food Protection,* **58**(8), 879-883.
Hudson, J.A., and Mott, S.J. (1993) Growth of *Listeria monocytogenes, Aeromonas hydrophila* and *Yersinia enterocolitica* on cold-stnoked salmon under refrigeration and mild temperature abuse. *Food Microbiology,* **10**, 61-68.
Huss, H.H. (1997) Control of indigenous pathogenic bacteria in seafood. *Food Control,* **8**(2), 91-98.
International Commission on Microbiological Specifications for Foods (1980) *Microbial Ecology of Foods, Volume 1: Factors affecting life and death of microorganisms.* Academic Press, London.
International Commission on Microbiological Specifications for Foods (1986) *Microorganisms in Foods 2. Sampling for Microbiological Analysis: Principles and Specific Applications,* 2nd edn. University of Toronto Press, Toronto.

International Commission on Microbiological Specifications for Foods (1996a) *Microorganisms in Foods. 5. Microbiological Specifications of Food Pathogens.* Blackie Academic & Professional, London.

International Commission on Microbiological Specifications for Foods (1996b) *Establishment of Sampling Plans for Microbiological Safety Criteria for Foods in International Trade including Recommendations for Control of Listeria monocytogenes, Salmonella enteritidis, Campylobacter and Enterohaemorrhagic E. coli,* Codex Committee on Food Hygiene, 29th session, 21-25 October 1996, Agenda item 11, CX/FH 96/91-16. Codex Alimentarius Commission, Rome.

Jay, J.M. (1996) Prevalence of *Listeria spp.* in meat and poultry products. *Food Control,* **7**(4/5), 209-214.

Jones, D. (1990) Foodborne illness - foodborne listerlosis. *The Lancet,* **336**, 1171-1174.

Klinger, J.D., Johnson, A., Croan, D. *et at.* (1988) Comparative studies of nucleic acid hybridisation assay for *Listeria* in foods. *Journal of the Association of Official Analytical Chernists,* **71**(3), 669-673.

Kozak, J., Balmer, T., Byrne, R. *et al.* (1996) Prevalence of *Listeria monocytogenes* in foods: incidence in dairy products. *Food Control,* **7**(4/5), 215-221.

Linnan, M.J., Mascola, L., Xiao Dong Lou *et al.* (1988) Epidemic listeriosis associated with Mexican-style cheese. *The New England Journal of Medicine,* **319**(13), 823-828.

Loncarevic, S., Danielsson-Tham, M.-L. and Tham, W. (1995) Occurrence of *Listeria monocytogenes* in soft and semi-soft cheeses in retail outlets in Sweden. *International Journal of Food Microbiology,* **26**, 245-250.

Loyett, J., Francis, D.W. and Hunt, J.M. (1987) *Listeria monocytogenes* in raw milk: detection, incidence and pathogenicity. *Journal of Pood Protection,* **50**, 188-192.

MacGowan, A.P., Bowker, K., McLauchlin, J. *et al.* (1994) The occurrence and seasonal changes in the isolation of *Listeria spp.* in shop-bought foodstuffs, human faeces, sewage and soil from urban sources. *International Journal of Food Microbiology,* **21**, 325-334.

McBride, M.E. and Girard, K.F. (1960) A selective method for the isolation of *Listeria monocytogenes* from mixed bacterial populations. *Journal of Laboratory Clinical Medicine,* **55**, 153-157.

McClain, D. and Lee, W.H. (1988) Development of USDA-FSIS method for isolation of *Listeria monocytogenes* from raw meat and poultry. *Journal of the Association of Official Analytical Chernists,* **71**(3), 660-664.

McLauchlin, J. (1993) Listeriosis and *Listeria monocytogenes. Environmental Policy and Practice,* **3**(3), 201-214.

McLauchlin, J. (1996) The relationship between *Listeria* and listeriosis. *Food Control,* **7**(4/5),187-193.

McLauchlin, J. (1997) The pathogenicity of *Listeria monocytogenes:* a public health perspective. *Reviews in Medical Microbiology,* **8**(1), 1-14.

McLauchlin, J. and Gilbert, R. J. (1990) *Listeria* in food: report from the PHIS Committee on *Listeria* and listeriosis. *PHLS Microbiology Digest,* **7**(3), 54-55.

McLauchlin, J. and Nichols, G.L. (1994) Listeria and seafood. *PHLS Microbiology* Digest, **11**(3), 151-154.

McLauchlin, J., Hall, S.M., Velani, S.K. *et at.* (1991) Human listeriosis and patd: a possible association. *British Medical Journal,* **303**, 773-775.

Mossel, D.A.A., Corry, J.E.L., Struijk, C.B. and Baird, R.M. (1995) *Essentials of the Microbiology of Foods. A Textbook for Advanced Studies.* John Wiley & Sons Ltd, New York.

Murray, E.G.D., Webb, R.A. and Swann, M.B.R. (1926) A disease of rabbits characterised by a large mononuclear leucocytosis, caused by a hitherto undescribed bacillus *Bacterium monocytogenes* (n.sp.). *Journal of Pathology and Bacteriology,* **29**, 407-439.

Newton, L., Hall, S.M., Pelerin, M. *et al.* (1992) Listeriosis surveillance: 1991. *Communicable Disease Report*, **2**(Review No. 12), R142-R144.

Nichols, G., Greenwood, M. and de Louvois, J. (1996) The microbiological quality of soft cheese. *PHLS Microbiology Digest,* **13**(2), 68-75

NRC (1985) *An Evaluation of the Role of Microbiological Criteria for Foods and Food Ingredients.* US Subcommittee on Microbiological Criteria, Committee on Food Protection, Food and Nutrition Board, National Research Council, National Academy Press, Washington, DC.

Prentice, G.A. (1994) *Listeria monocytogenes,* in *The Significance of Pathogenic Microorganisms in Raw Milk.* International Dairy Federation, Brussels, pp. 101-115.

Qvist, S. (1996) The Danish government position on the control of *Listeria monocytogenes* in foods. *Food Control,* **7**(4/5), 249-252.

Rocourt, J. (1994) *Listeria monocytogenes:* the state of the science. *Dairy, Food and Environmental Sanitation,* **14**(2), 70-82.

Rocourt, J. (1996) Risk factors for listeriosis. *Food Control,* **7**(4/5), 195-202.

Ryser, E.T. and Marth, E.H. (1987a) Behaviour of *Listeria monocytogenes* during the manufacture and ripening of cheddar cheese. *Journal of Food Protection,* **50**(1), 7-13.

Ryser, E.T. and Marth, E.H. (1987b) Fate of *Listeria monocytogenes* during the manufacture and ripening of Camembert cheese. *Journal of Food Protection,* **50**(5), 372-378.

Salamina, G., Dalle Donne, E. and Niccolini, A. *et al.* (1996) A foodborne outbreak of gastro-enteritis involving *Listeria monocytogenes. Epidemiology and Infection,* **117**, 429-436.

Salvat, G.,Toquin, M.T., Michel, Y. *et at.* (1995) Control of *Listeria monocytogenes* in the delicatessen industries: the lessons of a listeriosis outbreak in France. *International Journal of Food Microbiology,* **25**, 75-81.

Schlech, W.F., Lavigne, P.M., Bortolussi, R.A. *et al.* (1983) Epidemic listeriosis - Evidence for transmission by food. *The New England Journal of Medicine,* **308**(4), 203-206.

Seeliger, H.P.R. and Jones, D. (1986) Genus Listeria Pirie 1940, 383^{AL}, in Bergey's *Manual of Systematic Bacteriology*, 9th edn, vol. 2 (eds P.H.A. Sneath, N.S. Mair, M.E. Sharpe and J.G. Holt). Williams and Wilkins, Baltimore, pp. 1235-1245.

Shank, F.R., Elliot, E.L., Wachsmuth, I.K. *et al.* (1996) US position on *Listeria monocytogenes* in foods. *Food Control,* **7**(4/5), 229-234.

Tappero, J.W., Schuchat, A., Deaver, K.A. *et al.* (1995) Reduction in the incidence of Human Listeriosis in the United States. Effectiveness of prevention efforts. *Journal of the American Medical Association,* **273**, 1118-1122.

van Netten, P., Perales, I., van de Moosdikj, A. *et al.* (1989) Liquid and solid selective differential tnedia for the detection and enumeration of *L. monocytogenes* and other *Listeria* species in food. *International Journal of Food Microbiology,* **8**, 299-316.

Whiting, R.C. and Masana, M.O. (1994) *Listeria monocytogenes* survival model validated in sinjulated uncooked-fermented products for effects of nitrite and pH. *Journal of Food Science,* **59**, 760-762.

Wood, D. (1969) Isolation of *Listeria monocytogenes,* in *Isolation Methods for Microbiologists* (eds D.A. Shapton and G.W Gould), Society for Applied Bacteriology, Technical Series No. 3. Academic Press, London, pp. 63-69.

Zhang, S. and Farber, J.M. (1996) The effects of various disinfectants against *Listeria monocytogenes* on fresh-cut vegetables. *Food Microbiology,* **13**, 311-321.

Índice alfabético